U0316781

中国资管行业
ESG 投资发展研究报告
（2020—2022）

主编◎苑志宏　　张博辉

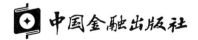

中国金融出版社

责任编辑：黄海清
责任校对：孙　蕊
责任印制：陈晓川

图书在版编目（CIP）数据

中国资管行业 ESG 投资发展研究报告. 2020—2022/苑志宏，
张博辉主编. —北京：中国金融出版社，2023.12
ISBN 978 – 7 – 5220 – 2220 – 8

Ⅰ. ①中…　Ⅱ. ①苑…②张…　Ⅲ. ①企业环境管理—环保投资—研
究报告—中国—2020 – 2022　Ⅳ. ①X196

中国国家版本馆 CIP 数据核字（2023）第 210001 号

中国资管行业 ESG 投资发展研究报告. 2020—2022
ZHONGGUO ZIGUAN HANGYE ESG TOUZI FAZHAN YANJIU BAOGAO.
2020—2022

出版
发行　**中国金融出版社**

社址　北京市丰台区益泽路 2 号
市场开发部　（010）66024766，63805472，63439533（传真）
网 上 书 店　www. cfph. cn
　　　　　　　（010）66024766，63372837（传真）
读者服务部　（010）66070833，62568380
邮编　100071
经销　新华书店
印刷　河北松源印刷有限公司
尺寸　169 毫米 ×239 毫米
印张　9. 25
字数　115 千
版次　2023 年 12 月第 1 版
印次　2023 年 12 月第 1 次印刷
定价　48. 00 元
ISBN 978 – 7 – 5220 – 2220 – 8
如出现印装错误本社负责调换　联系电话（010）63263947

本书编委会

主　　编：苑志宏　张博辉

编　　　委（以姓氏拼音首字母排序）：
　　　　王汉魁　杨文豪

编写组成员（以姓氏拼音首字母排序）：
　　　　蒋萍萍　李　潇　秦　丹
　　　　王文叙　熊婉芳　张大川

目录

1. ESG投资发展

1.1　ESG 投资发展背景

从 1971 年美国全球首只 ESG 基金成立，到 1990 年美国全球首个 ESG 指数公布，ESG 策略已获得发达国家金融机构投资者的普遍认同，ESG 评估和整合方法也逐步成熟。与发达国家相比，在中国 A 股、H 股市场中 ESG 投资起步较晚，2005 年首只 A 股 ESG 指数"国证治理指数"发布，2010 年首只 H 股 ESG 指数"恒生可持续发展企业指数"成立。尽管国内的 ESG 投资仍处于初期阶段，但随着国内资本市场国际化的不断发展，配套政策和评价体系的进一步完善，以及公众对 ESG 理念认可度和遵守度的提高，我国资产管理业也即将大步跨进 ESG 新时代。

习近平总书记在党的十八届五中全会上指出，要坚持创新发展、协调发展、绿色发展、开放发展和共享发展的五大新发展理念。2021 年碳达峰、碳中和（以下简称"双碳"）被首次写入《中华人民共和国国民经济和社会发展第十四个五年规划和 2035 年远景目标纲要》，"双碳"政策聚焦气候风险，环境因素受到市场热烈关注。党的二十大报告提出了中国式现代化的重要论断，在涉及高质量发展、共同富裕、人与自然和谐共生等方面的本质要求下，ESG 已经成为推动国家可持续发展的重要工具。

对于企业而言，ESG 理念将为高质量发展提供有效的实践方向与衡量标准。在国家相关政策的推动下，企业逐步将 ESG 理念融入日常经营，通过不断探索中国式治理模式，建立对标国际的现代企业制度体系。对于投资者而言，近几年ESG投资管理规模不断攀升，ESG议题评估企业竞争力的有效性逐步提升，ESG表现较好的企业在国家经济高质量发展阶段具备更强的竞争优势。

本报告将探讨和梳理ESG的相关政策发展情况、ESG资管产品发展情况，以及中国资管行业的ESG问卷调研情况，力图对ESG投资的发展现状与未来展望进行有效的呈现。

1.2 国际ESG投资情况

1.2.1 国际ESG投资相关政策

国外尤其是发达国家，ESG投资起步较早，2004年，在联合国《在乎者即赢家》的报告中首次出现了关于ESG的概念，从此之后，ESG作为重要的投资决策系统考量因素得到商界的广泛关注和大力推动。

1.2.1.1 美国

与欧洲市场ESG"政策法规先行"的特点有所不同的是，美国资本市场先表现出了对ESG的追捧，其后政策法规相伴而行。随着2015年联合国提出了17项可持续发展目标之后，美国加速了ESG政策法规的制定和出台，市场中出现了众多类型的投资者与ESG产品，并形成了成熟的ESG评级机构、指数机构。

信息披露方面，2016年和2018年，美国劳工部员工福利安全管理局先后发布了《解释公告IB2016－01》和《实操辅助公告No.2018－01》，其发布对象为受托者和资产管理者，强调了ESG考量受托者的责任，要求其在投资政策声明中披露ESG的信息。2019年，纳斯达克证券交易所发布了《ESG报告指南2.0》，将约束主体从此前的北欧和波罗的海公司扩展到所有在纳斯达克上市的公司和证券发行人，并主要从利益相关者、重要性考量、ESG指标度量等方面提供ESG报告编制的详细指引。2021 年初，美国金融服务委员会通过了《ESG 信息披露简化法案》，该法案主要涉及符合条件的证券发行者的 ESG 信息披露，强制要求该类发行者在向股东和监管机构提供的书面材料中明确阐述：界定清晰的 ESG 指标，以及 ESG 指标和长期业务战略的联系。

企业约束方面，2019 年，美国 181 家公司 CEO 联合签署颠覆了美国传统商业价值观"股东利益至上"原则的《关于公司宗旨的声明》，该声明树立了企业社会责任的新标准，体现了美国商界向可持续发展理念的价值转向。2020 年初，美国劳工部提出了一项提案，规定受托人可以遵循 ESG，但必须证明它的成本效益。8 月 30 日，美国劳工部发布了题为《关于代理投票和股东权利的受托人义务》的拟议规则制定通知，旨在明确《1974 年雇员退休收入保障法》（ERISA）所涵盖的受托人在行使代理投票和股东权利方面的义务。若以其当前形式实施，将给 ERI-SA 计划及其资产管理人带来巨大的额外成本，会进一步破坏 ESG 整合方面的进展，无法实现最大化长期股东价值，对推动美国金融市场可持续发展有负面影响。

可持续投资标准方面，2020 年 9 月，美国证券交易委员会（United States Securities and Exchange Commission，SEC）下属资产管理咨询委员会（Asset Management Advisory Committee，AMAC）表示，目前 ESG 基金的业绩披露要求仍以共同基金相关法规（FORM N1－A）中的规定为基础。2020 年，AMAC 下设 ESG 子委员会（ESG Subcommittee）。ESG 子委员会成立的目的是研究投资产品的 ESG 践行情况，其中特别关注 ESG 投资产品和其他投资产品的差异，以及是否需要针对该差异进行干预。2021 年 4 月，SEC 发布《审查司对 ESG 投资的审查综述》报告，针对已有实体的审查结果，SEC 表示目前的 ESG 投资实践存在以下问题：一是投资组合管理过程中的践行情况与披露情况不一致；二是控制措施不足以维护、监测和更新客户与 ESG 相关的投资准则、强制要求；三是代理投票可能与顾问所说的方法不一致；四是关于 ESG 投资的未经证实或可能误导的说法；五是控制措施不足，无法确保 ESG 披露和营销与实践情况一致；六是合规方案没有充分关注 ESG 议题。同时，SEC 识别出了 ESG 的有效实践，一是披露清楚、准确，与公司 ESG 投资的实际做法相一致；二是制定涉及 ESG 投资的政策和程序，并涵盖公司的关键流程；三是合规人员对于公司 ESG 相关做法较为熟悉。2020 年 12 月 1 日，ESG 子委员会针对 ESG 投资产品披露向 SEC 提出如表 1 - 1 所示建议。

表 1 - 1　美国可持续产品披露要求

国家/地区	美国
条文名称	《ESG 子委员会的潜在建议》（*Potential Recommendations from the ESG Subcommittee*）
发布时间	2020 年 12 月 1 日
实施日期	不涉及
发布机构	美国证券交易委员会资产管理咨询委员会下属 ESG 子委员会
效力	非强制性
适用对象	不涉及
涉及定义	可持续投资可界定为包含以下因素的投资：环境、社会、公司治理；可持续性；影响力；负责任投资
分类	建议参考美国投资公司协会（Investment Company Institute, ICI）关于 ESG 投资的分类法，ICI 根据产品策略针对 ESG 投资产品的分类如下：正面筛查、筛查类投资、影响力投资
主要需要披露的信息	1. SEC 应为 ESG 投资产品的披露提供指引，包括遵守 ICI 的 ESG 工作组制定的分类法，明确说明每个产品的投资策略和投资重点，包括说明环境影响和遵守宗教目标等非财务目标，比如，收益风险目标是否相较于社会目标有更高或更低的优先级 2. SEC 应为持股人活动信息的披露提供指引，包括在补充信息声明中描述每个产品作为持股方的持股活动方案，除了在 N - PX 表格中报告的代理投票之外，在股东报告中披露其他值得关注的近期持股活动 所有权活动所需披露信息：（1）如何进行代理投票；（2）单独与管理层沟通还是通过第三方进行沟通；（3）是否会组织/引领股东动议；（4）补充信息声明；（5）在股东报告中定期披露值得关注的持股活动。其中，前三条适用于任何产品

资料来源：作者根据公开信息整理。

1.2.1.2 欧盟

欧盟作为积极响应联合国可持续发展目标和负责任投资原则的区域性组织之一，最早表明了支持态度和行动，更在近5年来密集推进了一系列与ESG相关条例法规的修订工作，从制度保障上加速了ESG投资在欧洲资本市场的成熟。

在信息披露方面，2014年10月颁布《非财务报告指令》，首次将ESG三要素系统列入法规条例的法律文件。该文件明确规定了大型企业对外非财务信息披露内容要覆盖ESG议题，但对ESG三项议题的强制程度有所不同：对环境议题（E）明确了需强制披露的内容，而对社会（S）和公司治理（G）议题仅提供了参考性披露范围。2017年，欧盟对《股东权指令》进行了修订，明确将ESG议题纳入具体条例，并实现了ESG三项议题的全覆盖。新指令要求上市公司股东通过充分施行股东权利影响被投资公司在ESG方面的可持续发展；还要求资产管理公司应对外披露参与被投资公司的ESG议题与事项的具体方式、政策、结果与影响。此外，针对资本市场重要参与者——泛欧洲养老金计划（Pan – European Personal Pension Product，PEPP），欧盟委员会2019年4月制定了相关规则，要求PEPP提供者必须考虑与ESG因素有关的风险，以及投资决策对ESG因素的潜在长期影响；PEPP提供者还必须披露有关投资政策如何考虑ESG因素的详细信息以及ESG绩效表现。

在统一标准方面，2019年初，欧盟政策法律体系尚未规定资本市场获得ESG投资的"通用、可靠的分类和标准化做法"，间接阻碍欧洲资本市场推进ESG投资。因此，2019年4月，欧洲证券和市场管理局（The European Securities and Markets Authority，ESMA）发布《ESMA整合建议的最终报告》，向欧洲议会提出要求明确界定ESG事项有关概念和术语的重要性和必要性。同年6月18日，欧盟委员会技术专家组（TEG）发布了《欧盟可持续金融分类方案》（*EU Taxonomy*），旨在为政策制定者、行业和投资者提供实用性工具，明确哪些经济活动具有环境可持续性，帮助资本市场识别有利于实现环境政策目标的投资机会。此分类方案有效地刺激绿色投资，遏制"绿色清洗"（企业声称自己比实际更环保）。

可持续投资监管方面，2019年12月，欧盟发布《可持续性相关披露条例》（*Sustainable Finance Disclosures Regulation*，SFDR），通过要求金融机构进行可持续因素事前和持续性披露，旨在减少因委托代理关系带来的可持续因素信息不对称情形（见表1－2）。SFDR要求披露从实体和金融产品两个层面进行，其中特别增加了对可持续性投资的不利影响的披露义务，即金融市场参与者和财务顾问是否考虑了投资决策对环境和社会产生的负面外部性。在实施SFDR的同时，欧洲金融监管系统（EBA，EIOPA and ESMA，合称ESAs）也于2021年2月向欧盟提交了监管技术标准（Regulatory Technical Standards，RTS）草案作为补充。RTS规定了SFDR要求投资公司及其产品和服务在实体和产品层面的披露内容、方法和表述方式，并提议于2022年1月1日生效。

表1－2　欧盟可持续产品披露要求

国家/地区	欧盟各成员国
条文名称	《可持续性相关披露条例》（*Sustainable Finance Disclosures Regulation*, SFDR)
发布时间	2019年11月27日
实施日期	2021年3月10日
发布机构	欧洲议会和理事会
效力	强制性
适用对象	为金融市场参与者和财务顾问规定了统一的透明度规则，在欧盟设有子公司和/或在欧盟提供相关服务的非欧盟实体也受该条例约束
涉及定义	可持续投资可界定为所投资公司有较好的公司治理，并符合无重大损害原则，即确保没有对环境和社会产生重大损害
分类	1. 可持续基金：设立了可持续投资目标并为此设立了业绩基准的产品（第9条） 2. 泛ESG基金：推动环境或社会因素的产品（第8条） 3. 其他未关注ESG的产品（第7条）

续表

国家/地区	欧盟各成员国
主要需要披露的信息	1．可持续风险相关政策的披露 应该在网站上披露在投资决策中/给予投资或保险建议中考虑可持续风险的政策 2．不利可持续影响的披露（实体层面） 应该在网站上披露投资决策中/给予投资或保险建议中对于可持续因素产生的"主要不利影响"（Principal Adverse Impact，PAI）。如没有考虑不利影响，则需说明原因，并说明未来是否或何时会考虑 3．与纳入可持续风险相关的薪酬政策的披露 应该在薪酬政策中加入薪酬政策是否与可持续风险管理一致的信息，并就此在网站上进行披露 4．纳入可持续性风险的披露（产品层面） （1）金融市场参与者应在合同签订前的披露中说明将可持续性风险纳入其投资决策的方式；以及评估可持续性风险对其提供的金融产品的收益可能产生的影响的结果。如果金融市场参与者认为可持续性风险不相关，则应描述原因并进行简要的解释 （2）财务顾问应当在合同签订前的披露中说明将可持续性风险纳入其投资或保险建议的方式；以及评估可持续性风险对其提供咨询的金融产品的收益可能产生的影响的结果。如果财务顾问认为可持续性风险不相关，则应描述原因并进行简要的解释 5．金融产品层面的不利可持续性影响的披露（产品层面） 披露金融产品是否及如何考虑可持续因素的主要不利影响；关于就金融产品对可持续因素的主要不利影响予以信息披露的声明。若金融产品不考虑不利影响，需说明理由 6．促进环境或社会特征的产品披露（产品层面） 在合同签订前的披露中，披露如何满足环境或社会特征；若某一指数被指定为业绩基准，则说明该基准是否及如何与上述特征一致 在官方网站上，披露关于环境或社会特征、可持续投资目标，用于评估、衡量和监测金融产品符合环境或社会特征、可持续影响的方法，包括其数据来源、相关资产的筛选标准 在定期报告中，披露符合环境或社会特征的程度 7．具有可持续目标的产品披露（产品层面） 在合同签订前的披露中，披露业绩基准如何与目标一致；业绩基准与大盘指数的区别；若没有业绩基准，则说明如何实现可持续目标；以减少碳排放为目标的金融产品，应披露为达成《巴黎协定》的长远目标而低碳排放投资风险暴露 在官方网站上，披露关于环境或社会特征、可持续投资目标，用于评估、衡量和监测金融产品符合环境或社会特征、可持续影响的方法，包括其数据来源、相关资产的筛选标准 在定期报告中，披露可持续指标衡量的可持续整体影响，在指定指数作为参考基准的情况下，披露可持续性指标衡量的金融产品、指定指数和宽基市场指数的可持续影响对比

资料来源：作者根据公开信息整理。

1.2.1.3 英国

2010 年是英国 ESG 政策法规演变历史的重要分水岭。近年来，政策法规完善的速度明显加快，对资本市场各方的 ESG 要求强制程度明显提升，ESG 成为英国法律体系的重要内容之一。

在信息披露方面，作为较早响应联合国两大可持续倡议的国家，英国早在 2005 年就颁布了《职业养老金计划（投资和披露）条例》，在两项养老金保障基金条例中纳入对环境、社会、道德的考量。2018 年修订版中将受托者责任延伸至 ESG 范畴，以可持续因素帮助控制养老金长期风险和提高回报，强制要求受托者在提交的投资原则陈述中披露对 ESG 及气候变化的考量细节，进一步提升养老金投资基金中的信息披露透明度。2019 年 1 月，英国财务报告委员会（FRC）提议对《尽责管理守则》进行重大修订，明确提出将 ESG 因素纳入年度报告披露要求，提供最佳做法示例并应定期进行更新。

在尽责管理方面，2010 年英国财务报告委员会专门针对 ESG 首次发布了《尽责管理守则》。此后，英国在制定新法令的同时，开展对早期颁布法案的修订工作，ESG 法治化发展进入快车道。2014 年，英国法律部门发布了《投资中介机构的信托责任》，特别关注对受托者责任中 ESG 整合的说明，明确 ESG 考量应作为受托者责任的一部分，希望以此消除市场长久以来对受托者"不考虑 ESG"的误解。

在资产所有者监管方面，2019 年 10 月，英国金融行为监管局（Financial Conduct Authority，FCA）发布《气候变化与绿色金融：意见回复及未来行动》专题报告，一是要求独立治理委员会（IGC）监督和报告公司的 ESG 情况与管理政策以及单独的规则变更，增加长期资本投资机会；二是就全新监管规则展开咨询，改革证券发行人的气候风险要求，阐明现有信息披露义务；三是鉴别出那些以环保和可持续发展为幌子的企业，阐明绿色发展理念，采取适当措施保证消费者免受误导。

1.2.1.4 日本

作为世界发达资本市场之一，日本在可持续金融和 ESG 投资实践方面走在亚洲前列。近年来，日本频繁修订与ESG和可持续发展相关的政策法规，2016—2019年的可持续投资年增长率达到1786%。

在信息披露方面，2017年5月，日本经济贸易和工业部发布了《协作价值创造指南》。该指南旨在为公司和投资者改善公司治理、履行上述两份守则所要求的责任和管理职责提供基础。该指南要求投资者关注公司ESG绩效与投资决策的实质性关系、强调受托者责任中的ESG考量、评估与ESG及可持续相关的风险因素。对于上市公司，指南强制要求公司在战略中披露对ESG因素的考量，向投资者解释在价值创造中整合ESG因素的细节，重视与利益相关方的关系。2020年3月，日本交易所集团出台了《ESG披露实用手册》，填补了日本上市公司在ESG披露指引文件上的空白。这也是日本交易所集团自2017年底正式加入可持续证券交易所（SSE）后的重要举措。

在尽责管理方面，2014年日本金融厅推出《日本尽责管理守则》，并鼓励机构投资者通过参与或对话，改善和促进被投资公司的企业价值和可持续增长。2017年日本金融厅推出了新版《日本尽责管理守则》，并重新定义了"尽责管理"，明确要求机构投资者在制定投资策略时考量与中长期投资回报相关的可持续因素及ESG因素；重视投资者与被投资公司在ESG因素和可持续议题上的对话、强调投资管理策略与提升被投资公司长期价值的一致性；将守则的适用范围从股票扩大到符合资产管理者"尽职管理"职责的所有资产类别。

全球最大养老基金之一的GPIF已成为ESG投资的积极支持者，帮助推动日本可持续资产从2016年到2018年增长了307%。自2017年起，它开始专注于跟踪日本股票的ESG指数，以被动方式投资约90%的股票组合，并在5个ESG基准上配置了3.5万亿日元。首席投资官Hiromichi Mizuno自2015年加入后，一直主持GPIF向责任投资的转变，并且表示GPIF将接受国际股票ESG指数的建议。

1.2.1.5 新加坡

新加坡数十年以来不懈地在规制经济行为、推动良性商业发展方面作出努力，使得新加坡公司都有着较高的治理水平。

在尽责管理方面，1998 年新加坡董事学会（SID）成立，旨在提高企业领导层的治理水平和职业道德。SID 发布了《良好常规声明》等一系列指导文件，以提升国内企业的公司治理水平。2001 年 3 月新加坡金融管理局发布新加坡重要的治理制度文件《公司治理守则》（以下简称《守则》），该文件明确了新加坡证券交易所上市公司在企业治理方面需要遵守的一系列基本规章，对随后多年促进 ESG 理念和原则在新加坡的落地起到了核心保障作用。《守则》先后于 2005 年、2012 年和 2018 年经历了三次修订。值得注意的是，在 2012 年 5 月的修订中拓展了董事会行为准则的要求，在第 1.1（f）条中要求董事会"在公司战略的制定中纳入诸如环境、社会等可持续发展议题的考量"。新加坡证券交易所在 2016 年 6 月公布了《可持续发展报告指南》，并要求所有上市公司在2017 年 12 月 31 日及之后结束的会计年度中必须发布可持续发展报告。该报告指南的发布也意味着新加坡成为继中国香港之后，亚洲第二个强制要求上市公司披露 ESG 信息的经济体。

1.2.1.6 加拿大

2020 年，加拿大投资基金标准委员会（Canadian Investment Funds Standards Committee，CIFSC）发布了《负责任投资基金的识别框架》（*Responsible Investment Identification Framework*）。CIFSC 认为，大部分投资机构会参考 CFA 协会对于负责任投资的分类，因此会在 CFA 协会再次修订《投资产品的 ESG 披露标准》（*CFA's ESG Disclosure Standards for Investment Products*）后更新负责任投资基金的识别框架（见表 1-3）。

表 1-3　加拿大可持续产品披露要求

国家/地区	加拿大
条文名称	《负责任投资基金的识别框架》（*Responsible Investment Identification Framework*）
发布时间	2020 年 10 月 7 日

续表

国家/地区	加拿大
实施日期	不涉及
发布机构	加拿大投资基金标准委员会
效力	非强制性
适用对象	不涉及
涉及定义	可持续投资可界定为包含以下任一策略的投资：基于 ESG 评估的投资；涉及环境、社会、公司治理中某一要素的主题投资；负面筛查法；影响力投资；股东参与
分类	1．基于 ESG 评估的投资 2．涉及环境、社会、公司治理中某一要素的主题投资 3．负面筛查法 4．影响力投资 5．股东参与
主要需要披露的信息	1．采取该方法的原因 2．采取该方法的过程及策略 3．期望达成的结果和影响

资料来源：作者根据公开信息整理。

1.2.1.7 澳大利亚

2011 年，澳大利亚证券和投资委员会（ASIC）发布《公司法案 1013DA 的披露指引》（*Section 1013DA Disclosure Guideline*），规定了可持续投资产品的披露规则要求（见表 1-4）。

表 1-4 澳大利亚可持续产品披露要求

国家/地区	澳大利亚
条文名称	《公司法案 1013DA 的披露指引》（*Section 1013DA Disclosure Guideline*）
发布时间	2011 年 11 月
实施日期	2011 年 11 月
发布机构	加拿大投资基金标准委员会
效力	强制性
适用对象	不涉及

国家/地区	澳大利亚
涉及定义	可持续投资可界定为声称考虑劳工标准、环境、社会或伦理因素的投资产品
分类	1．积极参与，即利用投票权或其他方式影响被投资公司的行为 2．风险管理，如考虑投资面临的环境、社会、公司治理风险和机遇，并积极与利益相关方沟通 3．负面筛查 4．正面筛查 5．优先策略，即投资经理列出被投资公司需要遵守的一系列标准 6．同类最佳的方法，即基于特定基准投资于各板块中表现最好的公司 7．由环境友好或社会友好的负责任公司构成的被动指数投资
主要需要披露的信息	1．披露具体考虑了哪些因素，如果仅考虑劳工标准、环境、社会或伦理因素中的一项，不能以全部考虑进行披露。披露在投资过程中考虑劳工标准、环境、社会或伦理因素的标准，如果没有预先设定的标准需要提前披露 2．披露在投资过程中考虑劳工标准、环境、社会或伦理因素的程度，包括方法和权重。比如，通过游说被投公司满足特定的劳工标准、环境、社会或伦理目标，或者只投资于满足某些劳工标准的公司。如果没有预先设定考虑的程度需要提前披露。比如，可以披露没有预先设定考虑劳工标准、环境、社会或伦理因素，但会考虑以上因素对于投资收益的影响 3．披露如何监控、检查以确保投资方法考虑劳工标准、环境、社会或伦理因素，如果没有相关的监控、检查方法需要说明。如果该产品有监控、检查的时间表则需披露，如无则需说明。说明如果不符合投资原则或时间表则会发生什么。如果没有预先确定的观点，需说明投资方法由每个案例决定，或时间表不确定

资料来源：作者根据公开信息整理。

1.2.2 国际ESG投资发展情况

1.2.2.1 PRI签署方

联合国负责任投资原则组织（UN PRI）是全球最具影响力的负责任投资者组织，致力于发展更可持续的全球金融体系并在投资领域落实六项负责任投资原则。通过成为 UN PRI 签署方，资产所有者（Asset Owner）、投资管理人（Asset Manager）或服务提供商（Service Provider）承诺将 ESG 议题纳入投资和所有权决策。因此，UN PRI 签署机构数目及其管理资产规模可以反映出全球 ESG 意识水平及未来发展趋势。近年来，签署 UN PRI 机构数和签署机构所管理资产规模持续提升。截至2021 年初，已经有超过 3 826 家机构签署了 UN PRI，比上年增加 788家；签署机构所管理资产规模（AUM）达 121.3 万亿美元，同比增长17.3%（见图 1-1）。

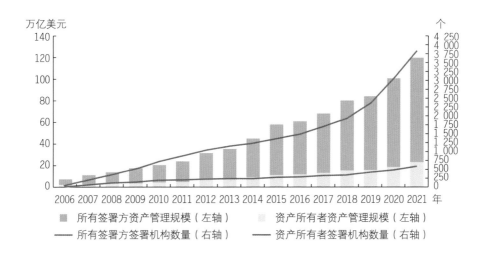

图 1-1　UN PRI 签署机构数目及其管理资产规模

（资料来源：UN PRI 官网）

根据 UN PRI 签署机构性质进行分析，一是资产所有者数目以 22%左右的年复合增长率稳定增加。截至 2021 年，签署 UN PRI 的资产所有者数目从 2006 年的 32 家提升至 609 家，管理资产规模从 2006 年的 2.0万亿美元增加到 29.2 万亿美元。二是投资管理人及服务提供商签署机构数目以 36% 的年复合增长率快速增长，由 2006 年的 31 家提升至 2021年的 3 217 家，更多贡献了近年签署机构数的增长。截至 2021 年初，签署 UN PRI 的投资管理人及服务提供商所管理资产规模达到近 92.1 万亿美元，占所有签署方管理资产规模的 76%。

聚焦全球主要经济体的 UN PRI 签署情况，UN PRI 签署方主要来自欧洲、北美、亚洲和太平洋地区（见图 1-2）。截至 2022 年 6 月 30 日，来自上述三个地区的签署机构分别累计达到 2 662 家、1 233 家和 703 家，分别占全部签署方的 53%、25% 和 14%。从增量角度看，2019—2021 年，欧洲地区新增签署方均超过 300 家，持续贡献超过 50% 的签署方增长。北美地区、亚洲和太平洋地区的新增签署方增量贡献不断提升。2022 年上半年，北美地区、亚洲和太平洋地区分别贡献 28% 和 19% 的新增量。

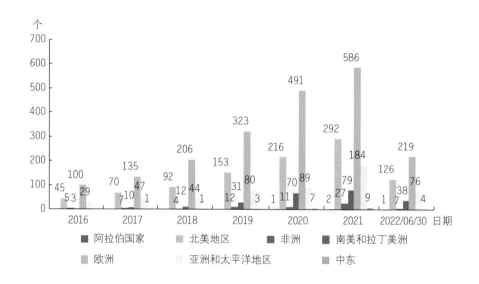

图 1-2　各地区加入 UN PRI 机构数量

（资料来源：UN PRI 官网，作者根据公开信息整理）

截至 2022 年 6 月 30 日，中国（含香港地区）共有 188 家机构加入 UN PRI，包括 7 家资产所有者、148 家投资管理者和 33 家服务提供商，内地加入 UN PRI 机构数量（共 102 家）破百，包含 4 家资产所有者、74 家投资管理者和 24 家服务提供商（见图 1-3）。在投资管理者类别中，除私募基金外，保险资管、银行理财和公募基金等投资机构逐渐开始重视 ESG 理念。74 家投资管理者包含保险资管共 4 家（安联资管、国寿资管、太平洋保险、泰康资管），银行背景资管机构共 2 家（华夏理财、恒丰银行资产管理部），公募基金共 22 家，券商资管共 3 家（第一创业证券、长城证券和国元证券）。其中，2021 年底，中国太平洋保险集团以资产所有者和投资管理者身份加入 UN PRI，是国内继泰康资产管理公司和泰康保险集团后另一家以双重身份加入的机构。

图1-3 中国 UN PRI 签署机构累计数量及类型

（资料来源：UN PRI 官网，公开信息整理）

1.2.2.2 全球 ESG 资产规模

2014年以来，全球可持续投资规模获得迅猛发展。从2014年初的18.2万亿美元增加至2020年的35.3万亿美元，可持续投资规模的年复合增长率高达12%，远超过全球资产规模的整体增长率（6%）。2014—2020年，可持续投资规模占所有投资资产规模的比例逐年提升，从25.7%提升至35.9%，意味着截至2020年，全球超过三分之一的资金投资于可持续资产。

2018—2020年，欧美的先发优势使得两地区可持续投资规模继续占全球可持续投资规模的80%以上。欧洲一直是可持续投资的领导者和推动者，其可持续投资规模占比长期位列全球第一。但随着2020年美国市场可持续投资规模占全球的58%，欧洲可持续投资规模占比下降至34%，美国替代欧洲成为可持续投资规模最大的地区。值得注意的是，晨星可持续基金报告称，2020年可持续投资资产规模下降与通过 SFDR 明确可持续投资定义有关。由于对可持续投资的定义更加严格，欧洲可持续投资规模首次出现下降。加拿大、日本、大洋洲地区在可持续投资市场上也展现出强劲的发展态势。2018—2020年，加拿大地区可持续投资的增长最为强劲，两年间增速高达48%。日本地区可持续投资规模自2014年开始快速增加，2014—2020年六年间的年复合平均增长率达到168%，居全球主要地区之首。2020年，日本可持续投资规模也已超越加拿大和大洋洲，位列全球第三。这正是资金方推动ESG投资的典型案例。日本政府养老投资基金（GPIF）即ESG理念绝佳的实践者，其执行董事、总经理兼首席投资官Hiro Mizuno表示，GPIF是一个长期的跨代际投资者，GPIF将ESG整合到每一项投资中，其在管基金时间跨度为100年，鼓励长期思维模式而非短期绩效。GPIF于2015年签署UN PRI，改变了整个市场的ESG投资格局。此外，日本政府也对ESG发展高度重视，建立了可持续发展目标工作组，2016年首相担任工作组主席期间推动了可持续发展目标在公共和私营部门的实践，使得2016年及之后日本的ESG投资规模获得长足发展。

从可持续投资资产占各地区所有投资规模的比例来看，加拿大是可持续投资资产占比最高的市场达62%，其次是欧洲（42%）、大洋洲（38%）、美国（33%）和日本（24%）（见表1-5、图1-4、图1-5）。

表1-5　全球可持续投资资产规模　　单位：十亿美元，%

地区及指标	2014年	2016年	2018年	2020年	2014—2016年	2016—2018年	2018—2020年	2014—2020年
					同期增长率			复合平均年增长率
欧洲	10 775	12 040	14 075	12 017	12	11	-13	1
美国	6 572	8 723	11 995	17 081	33	38	42	17
加拿大	729	1 086	1 699	2 423	49	42	48	21
大洋洲	148	516	734	906	248	46	25	36
日本	7	474	2 180	2 874	6692	307	34	168
全球可持续投资规模	18 231	22 839	30 683	35 301	25	34	15	12
全球投资资产规模	70 720	81 948	91 828	98 416	16	12	7	6
全球可持续投资渗透率	25.7	27.9	33.4	35.9	8	20	7	6

资料来源：GSIA。

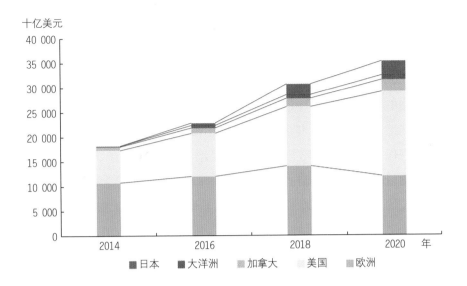

图1-4 不同地区可持续投资规模变化

（资料来源：GSIA）

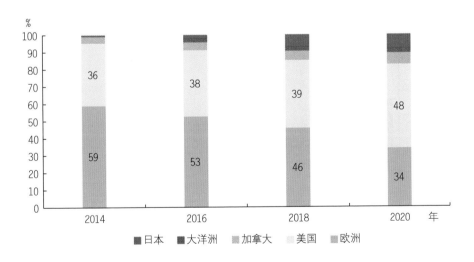

图1-5 不同地区可持续投资规模占全部投资规模比例

（资料来源：GSIA）

ESG 投资策略包含负面排除、ESG 整合、股东参与策略、规范筛选、正面筛选、可持续主题投资和影响力投资七个不同策略。全球可持续投资联盟（Global Sustainable Investment Alliance，GSIA）报告显示，2020 年，ESG 整合策略投资规模首次超过负面排除（见图 1-6）。负面排除策略的整体规模自 2012 年至 2018 年持续上涨，在不同策略中一直保持领先地位，但 2020 年其规模回落至 2016 年水平。而 ESG 整合策略规模一直保持在所有策略规模的前列且增长迅猛，并于 2020 年成为规模最大的可持续投资策略。可见，随着 ESG 可持续理念的普及和 ESG 投资实践的增长，越来越多的机构采用 ESG 整合策略，系统化地将环境保护、社会责任和公司治理等要素纳入传统财务和估值分析过程。此外，股东参与策略的规模随着时间的推进也保持上升的趋势。可以推断，越来越多的机构将充分行使股东权利，通过参加股东大会、与董事

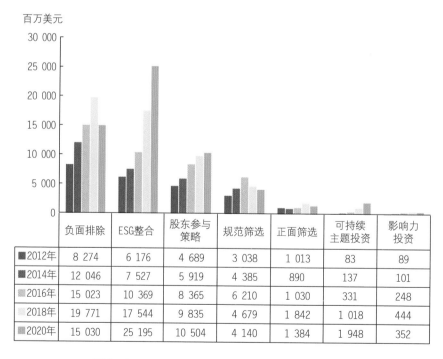

百万美元

	负面排除	ESG整合	股东参与策略	规范筛选	正面筛选	可持续主题投资	影响力投资
2012年	8 274	6 176	4 689	3 038	1 013	83	89
2014年	12 046	7 527	5 919	4 385	890	137	101
2016年	15 023	10 369	8 365	6 210	1 030	331	248
2018年	19 771	17 544	9 835	4 679	1 842	1 018	444
2020年	15 030	25 195	10 504	4 140	1 384	1 948	352

图 1-6　2012—2020 年可持续投资不同策略规模

（资料来源：GSIA）

会或管理层交流等机会推动被投资公司重视 ESG 议题。可持续主题投资的规模较低，但与 ESG 整合和股东参与策略一样，其策略投资规模自 2012 年以来一直稳步增长，是 2016—2018 年规模增长最快的策略。规范筛选、正面筛选和影响力投资的规模呈现先上升后下降的趋势，规范筛选的投资规模于 2016 年达到高点，并由此转折逐渐下降；正面筛选和影响力投资于 2018 年达到高点后下降。

从各地区策略执行情况看（见图 1-7），美国在影响力投资和可持续主题投资方面占据绝对优势，分别占全球相应策略规模的 60% 和 86%；归因于 ESG 整合策略的快速发展，美国地区 ESG 整合策略占比也是全球最高，达到 64%。欧洲地区负面排除策略规模占全球的 61%，位居第一；同时偏好股东参与策略，充分行使股东权利，通过积极所有权、代理投票等方式践行 ESG 理念。加拿大、日本的投资策略种类相对完备，其中规范筛选和股东参与策略占比较高。大洋洲的可持续投资策略相对单一，集中在影响力投资、ESG 整合、负面排除等，其投资策略的多元化和各策略投资规模均有待发展。

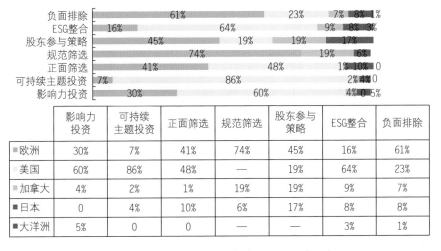

	影响力投资	可持续主题投资	正面筛选	规范筛选	股东参与策略	ESG整合	负面排除
欧洲	30%	7%	41%	74%	45%	16%	61%
美国	60%	86%	48%	—	19%	64%	23%
加拿大	4%	2%	1%	19%	19%	9%	7%
日本	0	4%	10%	6%	17%	8%	8%
大洋洲	5%	0	0	—	—	3%	1%

图 1-7　2020 年可持续投资策略的不同地区占比

（资料来源：GSIA）

展望未来，首先，本报告认为 ESG 整合策略将稳定发展，取代规范及负面筛选策略，成为成熟机构践行 ESG 理念更为主流的策略。其次，股东参与策略与其他策略结合，通过积极所有权的方式推动被投资公司改善 ESG 表现将成为践行 ESG 理念的重要组成部分。最后，本报告认为主题投资策略可以成为投资机构进行产品差异化、构建竞争力的重要抓手。

1.2.2.3　全球可持续投资基金

在全球范围内，资管机构不断地将已有基金产品向可持续的方向重新定义。在欧盟 SFDR（2021 年 3 月版）生效后，2021 年第二季度中不少欧洲机构通过调整投资目标和/或投资政策，将约 1 800 只基金产品由 SFDR 第 6 条非可持续产品调整为第 8 条或第 9 条可持续产品。全球可持续投资基金数量因此在 2021 年第三季度达到历史最高水平，较第二季度上涨 51.9%，共 7 486 只基金，代表 39 046 亿美元的资产规模（见图 1－8）。同期，亚洲（除日本）的可持续基金规模增长 69%，该来源主要是中国新发行的可持续基金产品。

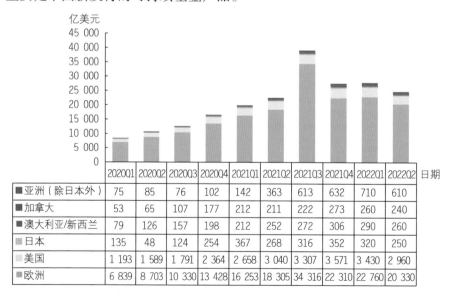

	2020Q1	2020Q2	2020Q3	2020Q4	2021Q1	2021Q2	2021Q3	2021Q4	2022Q1	2022Q2
亚洲（除日本外）	75	85	76	102	142	363	613	632	710	610
加拿大	53	65	107	177	212	211	222	273	260	240
澳大利亚/新西兰	79	126	157	198	212	252	272	306	290	260
日本	135	48	124	254	367	268	316	352	320	250
美国	1 193	1 589	1 791	2 364	2 658	3 040	3 307	3 571	3 430	2 960
欧洲	6 839	8 703	10 330	13 428	16 253	18 305	34 316	22 310	22 760	20 330

图 1－8　各地区可持续投资基金规模

（资料来源：晨星）

2021 年第四季度，全球可持续投资基金数量和规模统计下降至
5 932 只，覆盖 27 443 亿美元，下降趋势在欧洲尤为明显，其他地区仍
保持增长态势。据晨星分析，一部分调整后的产品并未在营销和法律文
件中按照 SFDR 第 8 条产品性质来详释环境和社会绩效，另一部分的
ESG 策略对投资结果并无实质影响，有"洗绿"嫌疑；因此将以上基金
从可持续基金统计中剔除后，欧洲可持续基金数量和规模统计在 2021
年第四季度分别下降 27.4% 和 35%。

进入 2022 年，投入可持续投资基金的资金在俄乌冲突、利率提升
和市场波动的影响下减少。截至 2022 年 6 月末，全球可持续投资基金
数量较 2021 年第四季度上升 13.1%，但规模下降 10.2%，仅为 24 650
亿美元。具体到地区来看，相比 2022 年第三季度历史最高水平，美国、
加拿大、澳大利亚/新西兰和日本的基金规模分别下降 17%、12%、
15% 和 29%；亚洲（除日本）的可持续投资基金规模基本持平，保持
全球第三的规模。

1.2.3　国际资管机构披露实践

综合考虑 Investment&Pensions Europe 的 2022 年全球资管机构规模榜
单、晨星和 Share Action 的 ESG 领先投资者排名，本部分选取了 15 家来
自欧洲、15 家来自美国、3 家来自澳大利亚，以及 3 家来自日本的资管
机构作为研究样本（见表 1－6）。

表 1－6　国际资管机构样本

地区	机构
欧洲	Affirmative Investment Management、Impax 资产管理、荷宝、Stewart Investors、东方汇理、巴黎银行资产管理、汇丰环球投资管理、Jupiter 资产管理、法通资产管理、施罗德、安盛投资管理、Comgest、NN Investment Partners、APG 资产管理、Aegon 资产管理
美国	Calvert、Parnassus、爱马仕投资管理、纽文资产管理、联博基金、威灵顿管理公司、贝莱德、景顺投资、道富环球投资管理、美国资本集团、JP 摩根资产管理、BNY Mellon、先锋领航集团、富达国际、高盛资产管理

续表

地区	机构
加拿大	BMO环球资产管理、宏利投资管理、加拿大皇家银行环球资产管理
澳大利亚	澳大利亚伦理投资、Altius投资管理、麦格理资产管理
日本	顶峰资管公司、野村资产管理、日兴资产管理

1.2.3.1 欧洲

欧洲接触ESG投资实践较早，且具备完善的政策来提升资管机构的信息披露水平。近年发布的相关政策包括对互动政策和落实情况有披露要求的《股东权利指令》（*Shareholder Rights Directive* Ⅱ，2019年修订版），以及2021年3月生效且要求所有资管机构披露投资决策中ESG考量的《可持续金融披露条例》（SFDR）。在环境披露上，自2022年4月开始，英国成为G20中第一个通过法律强制要求资管机构披露符合TCFD建议的环境信息披露的国家。

在强监管下，欧洲整体的披露深度和广度较高。在本部分选取的15家机构样本中，统计显示：机构多以专题报告披露，如尽责管理报告；机构对气候变化的重视程度较强，12家公布了符合TCFD建议的气候信息，其中一半是在社会责任报告或可持续发展报告中呈现；10家公开投票政策或指引和投票结果，但仅有5家提供了详细的投票逻辑解释，有1家在投票次日公布投票信息，其余以年为单位居多；一些企业在关注气候的同时也引入围绕生物多样性的政策和解决方案。而正如GRI建议，气候是一个多维度议题，需与人权、生物多样性等问题共同讨论和解决。

在最优实践中（见表1-7），荷宝发布的《可持续发展报告》超过100多页，分为六个章节，包含：公司简介，年度总览（成果、财务信息、实质性分析），对待可持续发展的方式（战略、治理、风险管理、SFDR合规文件），积极所有权投资（尽责管理、投票、企业互动、负面筛选），可持续投资关键议题（气候、生物多样性、人权、SDG），公司可持续运营。其中，TCFD披露以交叉引用的方式，指明在其他政策文件中的位置。

表1-7 部分欧洲资管机构的ESG投资公开披露情况

公司名称		荷宝	巴黎资产管理	法通投资管理
内部管理最多的资产类别		上市股权	上市股权	固定收益
ESG投资	相关制度	可持续政策、可持续风险政策、剔除政策	ESG整合指引、全球可持续策略、行业政策	全球公司治理和RI原则、可持续发展政策
	负面筛选方式	✓	✓	✓
	ESG整合方式	✓	✓	✓
	主题投资方式	✓	✓	✓
尽责管理	相关制度	尽责管理政策、投票政策、互动政策	尽责管理政策、治理和投票政策	—
	代理投票记录	次日	年度	月度
	投票情况详释	仅对反对票	—	仅对反对票
	互动情况	✓	✓	✓
应对气候变化	相关制度	2050减零路线图	生物多样性路线图	气候变化政策、生物多样性政策
	环境信息报告	依据TCFD在年度可持续报告	—	TCFD报告（含碳排放范围一二三鉴证）
披露形式	专题报告	年度尽责管理报告、季度主动管理报告	年度尽责管理报告、年度投票报告、半年社会责任报告	季度ESG影响报告、月度投票报告、年度主动管理报告
	综合性报告	年度可持续报告	年度可持续发展报告	社会责任报告

资料来源：作者根据公开信息整理。

注：数据整理截至2022年6月30日。

1.2.3.2 美国

美国证券交易委员会（SEC）在2022年3月发布其拟定的气候相关披露制度，要求公司在注册报告和定期报告中披露与TCFD建议相符的气候相关风险治理信息。同时，美国政府在 2022 年 8 月通过了其历史上最大的气候投资法案，预示着未来以气候为中心的 ESG 投资和相关披露的发展趋势。

研究样本中的 15 家美国机构的披露水平各不相同，且披露内容的广度与公司资产规模并非相关。相比欧洲机构，美国机构披露的政策和总览性报告数量较少：仅有 5 家公开了用于规范 ESG 投资方法的相关政策，9 家公布了代理投票政策，3 家在可持续报告或社会责任报告中提及 ESG 投资。在气候议题上，11 家依据 TCFD 公布了专门的气候报告或 TCFD 报告，3 家的首份报告均于 2022 年发布，且仅有贝莱德对碳排放数据进行第三方鉴证。

值得提及的是，纽文资产管理为了增强信息透明度，对其所参与治理的超过 300 家标普 500 公司的所有代理投票逻辑依据均进行了披露，内容包括公司名称、所属行业、会议日期、决议文案、股东决议类别、管理层投票建议、投票指令、投票原则和投票原因（见表 1－8）。

此外，道富环球投资管理在应对气候变化上，公布了其对被投企业在低碳转型进程中在气候转型方案上的披露要求和碳数据测算方式、获取的信息，侧面体现了其评估企业应对气候变化能力的方式。与多数有母公司的机构不同，道富环球投资管理认为其资管业务与母公司业务具有不同的风险和机遇，所以单独公开了一份 TCFD 报告。

表 1－8　部分美国资管机构的 ESG 投资公开披露情况

公司名称		贝莱德	纽文资产管理	道富环球投资管理
内部管理最多的资产类别		固定收益	固定收益	上市股权
ESG 投资	相关制度	ESG 投资政策	母公司负责任投资原则	负责任投资原则
	正面筛选方式	✓	—	✓
	负面筛选方式	✓	—	✓
	ESG 整合方式	✓	✓	✓
	主题投资方式	✓	✓	✓

公司名称		贝莱德	纽文资产管理	道富环球投资管理
尽责管理	相关制度	全球尽责管理原则	母公司代理投票原则	全球和地区投票指引
	历史代理投票	年度	季度	季度
	投票情况详释	年度重要投票	全球标普500的投票细节	—
	互动实践情况	✓	✓	✓
应对气候变化	相关制度	—	—	气候相关披露要求、气候转型计划的披露要求
	环境信息报告	TCFD报告（含碳排放范围一二三鉴证）	—	TCFD报告
披露形式	专题报告	全球互动概述	年度尽责管理报告、全球固收影响报告、年度房地产ESG报告	季度尽责管理活动报告、年度投票总览报告
	综合性报告	可持续发展报告	—	—

资料来源：作者根据公开信息整理。

注：数据整理截至2022年6月30日。

1.2.3.3 加拿大

2021年1月，加拿大安大略省的资本市场现代化工作组发布了《资本市场现代化工作组最终报告》（*Capital Market Modernization Task Force Final Report*），并建议上市公司通过TCFD框架披露气候相关风险的管理情况。2022年4月，加拿大联邦政府表明计划自2024年初强制要求金融机构落实TCFD气候风险相关的财务信息披露。

可持续金融研究院（ISF）指出，净零排放是加拿大资管机构的主要关注议题，在新冠疫情的背景下，多样性、平等和包容等社会议题也处在更重要的位置。本部分选取的样本中3家机构均公开了尽责管理政策和 TCFD 报告，在代理投票上均未给出详细解读。值得提及的是，BMO 环球资产管理是在研究样本中唯一披露其监督外部管理人方式的机构，其负责任投资回顾报告中也引用大量案例作证其在 ESG 投资实践方面作出的努力（见表 1-9）。此外，加拿大皇家银行环球资产管理，在其负责任投资报告中，除了对 ESG 投资成果进行了展示，还分享了其在 ESG 领域的研究结论。

表 1-9　部分加拿大资管机构的 ESG 投资公开披露情况

公司名称		BMO 环球资产管理	宏利投资管理	加拿大皇家银行环球资产管理
内部管理最多的资产类别		上市股权、固定收益	上市股权	固定收益
ESG 投资	相关制度	ESG 政策声明	—	负责任投资方式
	正面筛选方式	—	✓	—
	负面筛选方式	✓	✓	✓
	ESG 整合方式	✓	✓	✓
	主题投资方式	✓	✓	✓
	影响力投资方式	—	—	✓
尽责管理	相关制度	尽责管理方式、互动政策	代理投票政策	代理投票指引
	历史代理投票	季度	年度	季度
	投票情况详释	—	—	—
	互动情况	✓	✓	✓
应对气候变化	相关制度	—	气候变化声明	应对气候变化方法
	环境信息报告	TCFD 报告（无碳排放数据）	TCFD 报告（含碳排放范围一二三鉴证）	TCFD 报告（含碳排放范围一二三等信息鉴证）
披露形式	专题报告	尽责管理报告、负责任投资回顾报告	尽责管理报告	影响力投资报告、公司治理和负责任投资报告
	综合性报告		ESG 报告、可持续报告	

资料来源：作者根据公开信息整理。

注：数据整理截至 2022 年 6 月 30 日。

1.2.3.4　澳大利亚

回顾相关政策，澳大利亚证券和投资委员会在2011年公布了《公司法案1013DA的披露指引》，规定上市企业在投资产品中需要披露的ESG信息。2021年11月，澳大利亚审慎监管局，即澳大利亚的金融安全监管机构，发布《审慎实践指引CPG229：气候变化的金融风险》（*Prudential Practice Guide CPG229 Climate Change Financial Risks*），建议金融机构尽快开展气候风险管理，并为其气候相关的财务风险披露给予指导。

澳大拉西亚责任投资协会（RIAA）2022年的报告显示，84%的澳大利亚投资管理机构公布了其ESG投资政策，众多澳大利亚资管机构在2021年新制定或更新其尽责管理政策，并以更完善的方式披露其尽责管理情况。在关注的议题上，气候依然是最关键的，性别多样性和女性赋能的重要性在2021年从第十位跃升至第六位。

在3家样本机构中（见表1-10），澳大利亚伦理投资是晨星ESG投资排名中的佼佼者，在投资披露上也公布了包括政策、代理投票详情解释、尽责管理报告在内的多项内容。此外，值得提及的是，澳大利亚伦理投资在官网上公开了其在39个行业和ESG议题上的立场，并以此为指引开展投资。例如，在气候变化上提出了2040年碳减零目标、2030年气候投资目标等，对于化石燃料行业提出允许投资的门槛。

表1-10　部分澳大利亚资管机构ESG投资披露情况

公司名称		澳大利亚伦理投资	Altius投资管理	麦格理资产管理
内部管理最多的资产类别		上市股权	固定收益	固定收益
ESG投资	相关制度	伦理章程、伦理投资政策、ESG关键议题立场	现金和固定利率可持续政策	—
	正面筛选方式	✓	—	—
	负面筛选方式	✓	✓	✓
	ESG整合方式	—	✓	✓
	主题投资方式	✓	—	—

续表

公司名称		澳大利亚伦理投资	Altius 投资管理	麦格理资产管理
尽责管理	相关制度	代理投票政策	—	—
	历史代理投票	年度	—	年度
	投票情况详释	针对部分反对票	—	—
	互动实践情况	✓	—	✓
应对气候变化	相关制度	气候行动立场	—	—
	环境信息报告	TCFD 报告（含碳排放范围一二三鉴证）	—	—
披露形式	专题报告	半年尽责管理总览、年度 SDG 报告	—	年度尽责管理报告
	综合性报告	年度可持续发展报告	季度可持续发展报告	年度可持续发展报告

资料来源：作者根据公开信息整理。

注：数据整理截至 2022 年 6 月 30 日。

麦格理资产管理在其可持续报告中的案例分析很细致，从被投企业的挑战、互动内容、互动成果和通过案件得到的收获，麦格理投资管理的气候信息则同麦格理集团共同披露。与前两家不同，Altius 投资管理虽在晨星 ESG 投资排名中领先，但在未签署 UN PRI 或其他组织的情况下，其公开披露的内容相对较少。

1.2.3.5　日本

日本在 2017 年出台的《协作价值创造指南》要求资管公司注重纳入 ESG 考量，通过 2017 年修订版的《日本尽职管理守则》要求资管机构制定并公开尽责管理政策、投票政策、尽责管理和投票实践情况。在此背景下，本部分中的 3 家日本机构中均公开指出了识别、考虑并解决 ESG 议题在履行受托责任、为投资者创造更多的价值、加强资管能力中的重要性，也披露了相应政策和报告。

根据日本可持续投资论坛（JSIF）2022 年发布的调查，52 家受访的日本资管机构在公司内部制定了 ESG 投资相关政策，其中超过 94%

的机构将其公开披露。在股东互动上，受访机构对被投企业关注最多的议题是碳排放披露、TCFD 相关行动、提升多样化举措、董事会有效性评估供应链管理。其中，部分企业表示碳排放和 TCFD 议题是近两年才纳入与企业互动的主题，可见日本企业对应对气候变化的重视。

作为优秀案例（见表 1 - 11），顶峰资产管理的《2021 年可持续报告》中包含 16 页关于实质性分析方法论的陈述。在展开讨论其重点实质性领域时（气候变化、生物多样性和环境损害、人权和健康福祉），顶峰资产管理依据分别从重要性、潜在积极影响、相关投资的风险和机遇、利益相关方互动案例四个方面陈述。在"气候变化"的展示中，嵌入了符合 TCFD 框架的披露。此外，在披露尽责管理时，利用"Plan，Do & Check，Action"框架，对上一年工作和报告期内的尽责管理工作进行自我评估，并简要陈述了未来工作安排。

表 1 - 11　部分日本资管机构的 ESG 投资公开披露情况

公司名称		顶峰资产管理	野村资产管理	日兴资产管理
内部管理最多的资产类别		上市股权	上市股权	上市股权
ESG 投资	相关制度	—	ESG 声明、负责任投资管理基本政策	受托和 ESG 原则、负责任投资政策
	负面筛选方式	✓	—	—
	ESG 整合方式	✓	✓	✓
	主题投资方式	—	—	—
尽责管理	相关制度	代理投票政策	代理投票政策	互动和尽责管理策略
	历史代理投票	季度	季度	季度
	投票情况详释	—	—	针对反对票
	企业互动情况	✓	✓	✓
	相关制度	—	—	气候变化立场声明
	环境信息报告	TCFD 报告	TCFD 报告	TCFD 报告
披露形式	专题报告	尽责管理报告	代理投票报告、负责任投资报告	
	综合性报告	可持续发展报告	—	可持续发展报告

资料来源：作者根据公开信息整理。

注：数据整理截至 2022 年 6 月 30 日。

1.3 我国 ESG 投资情况

1.3.1 我国 ESG 投资相关政策

国内监管政策方面，早在 2006 年深圳证券交易所（以下简称深交所）就发布了相关规则指引，后续制度也在近年来不断完善。ESG 信息披露涉及面广，接受不同管理部门的多个法律法规监督与约束，包括金融类监管与国家部委等非金融类监管。

1.3.1.1 证券交易所

在金融监管机构中，交易所较早就开始要求鼓励上市公司重视开展 ESG 实践，深交所和上海证券交易所（以下简称上交所）都已发布相关的信息披露指引和规范。

● 深交所

2006 年 9 月，深交所发布了《上市公司社会责任指引》，要求上市公司积极履行社会责任，定期评估公司社会责任的履行情况，自愿披露企业社会责任报告，从股东和债权人权益保护、职工权益保护、供应商、客户和消费者权益保护、环境保护与可持续发展、公共关系和社会公益事业、制度建设与信息披露六个方面，为上市公司披露社会责任信息提供引导。2018 年 10 月 12 日，深交所相关负责人在新闻发布会上表示，深市公司环境信息披露质量明显提升。为促进上市公司更好地履行 ESG 的信息披露义务，进一步提高信息披露的有效性、全面性，深交所还起草 ESG 信息披露指引，并三次召开征求意见座谈会，面对面倾听上市公司声音，认真研究完善 ESG 披露规定，邀请了部分公司根据指引征求意见稿试编 ESG 报告，以提出改进建议，提高指引的有用性。2020 年 2 月 28 日，深交所发布《深圳证券交易所上市公司规范运作指引（2020 年修订）》。第八章社会责任规定：上市公司应当在追求经济效益、保护股东利益的同时，积极保护债权人和职工的合法权益，诚信对待供应商、客户和消费者，践行绿色发展理念，积极从事环境保护、社区建设等公益事业，从而促进公司本身与全社会的协调、和谐发展。同年9月4日，深交所发布《深圳证券交易所上市公司信息披露工作考核办法（2020年修订）》，将责任投资明确纳入其中，根据第十五条深交所对上市公司投资者关系管理情况进行考核，重点关注以下方面：（一）是否主动披露社会责任报告，报告内容是否充实、完整；（二）是否主动披露环境、社会责任和公司治理（ESG）履行情况，报告内容是否充实、完整；（三）是否主动披露公司积极参与符合国家重大战略方针等事项的信息。从考核计分来看，履行社会责任披露情况的，主动披露社会责任报告，报告内容充实、完整加1分；主动披露环境、社会责任和公司治理（ESG）履行情况，报告内容充实、完整加1分；主动披露公司积极参与符合国家重大战略方针等事项的信息，如扶贫攻坚、疫情防控等加1分等。

- 上交所

2008年5月14日，上交所发布《关于加强上市公司社会责任承担工作暨发布〈上海证券交易所上市公司环境信息披露指引〉的通知》，要求上市公司加强社会责任承担工作，及时披露公司在员工安全、产品责任、环境保护等方面承担社会责任方面的做法和成绩，并对上市公司环境信息披露提出了具体要求。同年12月，上交所发布《〈公司履行社会责任的报告〉编制指引》，要求上市公司披露在促进社会可持续发展、环境及生态可持续发展、经济可持续发展方面的工作，明确了上市公司应披露的在促进环境及生态可持续发展方面的工作，例如，如何防止并减少污染、如何保护水资源及能源、如何保证所在区域的适合居住性，以及如何保护并提高所在区域的生物多样性等。2019年4月30日，上交所发布《上海证券交易所科创板股票上市规则（2019年4月修订）》，明确科创板上市和监管要求，要求上市公司应当在年度报告中披露履行社会责任的情况，并视情况编制和披露社会责任报告、可持续发展报告、环境责任报告等文件；出现违背社会责任重大事项时应当充分评估潜在影响并及时披露，说明原因和解决方案。

● 全国中小企业股份转让系统

全国中小企业股份转让系统引导挂牌公司提升治理水平，保护投资者合法权益。2020年1月3日，全国中小企业股份转让系统发布了《全国中小企业股份转让系统挂牌公司治理规则》。其中，第一百二十五条规定，挂牌公司应当根据自身生产经营模式，遵守产品安全法律法规和行业标准，建立安全可靠的生产环境和生产流程，切实承担生产及产品安全保障责任；第一百二十六条规定，挂牌公司应当积极践行绿色发展理念，将生态环保要求融入发展战略和公司治理过程，并根据自身生产经营特点和实际情况，承担环境保护责任；第一百二十七条规定，挂牌公司应当严格遵守科学伦理规范，尊重科学精神，恪守应有的价值观念、社会责任和行为规范，弘扬科学技术的正面效应。

1.3.1.2 金融相关监督管理部门

近年来，中国证券监督管理委员会（以下简称证监会）与中国银行保险监督管理委员会（现为国家金融监督管理总局，以下简称银保监会）逐步明确公司关于环境保护和社会责任的内容，确立了上市公司ESG信息披露框架。

2014年4月，银监会办公厅发布《中国银监会办公厅关于信托公司风险监管的指导意见》，要求建立社会责任机制：信托业协会要公布信托公司社会责任要求，按年度发布行业社会责任报告。信托公司要在产品说明书（或其他相关信托文件）中明示该产品是否符合社会责任，并在年报中披露本公司全年履行社会责任的情况。

2015年12月，中国保险监督管理委员会发布《中国保监会关于保险业履行社会责任的指导意见》，旨在进一步推动保险企业积极履行社会责任，促进现代保险服务业更好地适应经济社会发展需求。

2017 年 12 月，证监会公布《公开发行证券的公司信息披露内容与格式准则第 2 号——年度报告的内容与格式（2017 年修订）》，规定重点排污单位在报告期内以临时报告的形式披露环境信息内容的，应当说明后续进展或变化情况；重点排污单位之外的公司可以参照上述要求披露其环境信息，若不披露的，应当充分说明原因；鼓励公司自愿披露有利于保护生态、防治污染、履行环境责任的相关信息。

2016 年 8 月，中国人民银行、财政部、国家发展和改革委员会、环境保护部、中国银行业监督管理委员会、中国证券监督管理委员会、中国保险监督管理委员会联合印发了《关于构建绿色金融体系的指导意见》（银发〔2016〕228 号），提出了支持和鼓励绿色投融资的一系列激励措施，包括通过再贷款、专业化担保机制、绿色信贷支持项目财政贴息、设立国家绿色发展基金等措施支持绿色金融发展；明确了证券市场支持绿色投资的重要作用，要求统一绿色债券界定标准，积极支持符合条件的绿色企业上市融资和再融资，支持开发绿色债券指数、绿色股票指数以及相关产品，逐步建立和完善上市公司和发债企业强制性环境信息披露制度；提出发展绿色保险和环境权益交易市场，按程序推动制定和修订环境污染强制责任保险相关法律或行政法规，支持发展各类碳金融产品，推动建立环境权益交易市场，发展各类环境权益的融资工具。

2018 年 4 月，中国人民银行、银保监会、证监会、国家外汇管理局以"银发〔2018〕106 号"联合印发《关于规范金融机构资产管理业务的指导意见》，明确资管行业应当遵循责任投资原则与可持续发展的基本理念，将重心放在信息披露、投资者关系与权益保障以及风险控制等重点关注领域。2018 年 9 月 30 日，证监会修订并正式发布《上市公司治理准则》（以下简称《准则》），确立了环境、社会责任和公司治理（ESG）信息披露的基本框架。《准则》第八十六条规定：上市公司在保持公司持续发展、实现股东利益最大化的同时，应关注所在社区的福利、环境保护、公益事业等问题，重视公司的社会责任。第九十五条，上市公司应当依照法律法规和有关部门的要求，披露环境信息以及履行扶贫等社会责任相关情况。第九十六条，上市公司应当依照有关规定披露公司治理相关信息，定期分析公司治理状况，制订改进公司治理的计划和举措并认真落实。证监会将根据新《准则》，研究完善相关规章、规范性文件，指导证券交易所、中国上市公司协会等自律组织制定、修改相关自律规则，逐步完善上市公司治理规则体系。同时，加强对上市公司的培训，强化上市公司完善治理、规范运作的自觉性，不断提高上市公司质量。

2021年2月，证监会发布《上市公司投资者关系管理指引（征求意见稿)》，明确提出"公司的环境保护、社会责任和公司治理信息"是投资者管理中上市公司与投资者沟通内容的一部分。

2021年5月，证监会进一步就《公开发行证券的公司信息披露内容与格式准则第2号——年度报告的内容与格式（征求意见稿)》《公开发行证券的公司信息披露内容与格式准则第3号——半年度报告的内容与格式（征求意见稿)》公开征求意见，在"公司治理"章节的基础上，新增"环境和社会责任章节"。明确"属于环境保护部门公布的重点排污单位的公司或其重要子公司"应当披露的环境信息，"重点排污单位之外的公司应当披露报告期内因环境问题受到行政处罚的情况"；鼓励"公司自愿披露有利于保护生态、防止污染、履行环境责任的相关信息"、"主动披露积极履行社会责任的工作情况"。

2021年7月，中国人民银行正式发布《金融机构环境信息披露指南》，对金融机构环境信息披露形式、频次、应披露的定性及定量信息等方面提出要求，并根据各金融机构实际运营特点，对商业银行、资产管理、保险、信托等金融子行业定量信息测算及依据提出指导意见。

2022年6月，银保监会印发《银行业保险业绿色金融指引》，要求银行保险机构在一年内落实绿色金融投资政策、机构治理框架、投后管理、机构自身可持续发展等内容，对绿色金融战略和政策、发展情况进行公开披露，并适当开展第三方审计鉴证。

与此同时，行业协会等也积极推动国内 ESG 投资研究体系建设，积极践行并支持开展以 ESG 为核心的上市公司可持续发展评价，以进一步推动企业树立责任投资、绿色发展意识。2017 年 9 月 5 日，中国金融学会绿色金融专业委员会、中国投资协会、中国银行业协会、中国证券投资基金业协会、中国保险资产管理业协会、中国信托业协会、环境保护部环境保护对外合作中心共同发布《中国对外投资环境风险管理倡议》，明确参与对外投资的金融机构和企业应充分了解项目所在地的环境法规、标准和相关的环境风险；参与对外投资的银行应借鉴国际可持续原则，参与对外投资的机构投资者应借鉴联合国责任投资原则，在投资决策和项目实施过程中充分考虑 ESG 因素，建立健全管理环境风险的内部流程和机制。2018 年 6 月 19 日，中国保险资产管理业协会在其主办的保险业 ESG 投资发展论坛上发布了《中国保险资产管理业绿色投资倡议书》，指出引导保险资金优化资本市场资源配置、服务实体经济，中国保险资产管理业协会倡导各保险机构，发挥金融服务供给侧结构性改革的积极作用，践行"创新、协调、绿色、开放、共享"的新发展理念，推动建立保险资金绿色投资新体系。2018 年 11 月 10 日，中国证券投资基金业协会发布《绿色投资指引（试行）》，要求基金管理人应每年开展一次绿色投资情况自评估，报告内容包括但不限于公司绿色投资理念、绿色投资体系建设、绿色投资目标达成等（见表 1 - 12）。基金管理人应于每年 3 月底前将上一年度自评估报告连同"基金管理人绿色投资自评表"以书面形式报送中国证券投资基金业协会。

表 1 - 12　中国可持续产品披露要求

条文名称	《绿色投资指引（试行）》
发布时间	2018 年 11 月 10 日
实施日期	2018 年 11 月 10 日
发布机构	中国证券投资基金业协会

续表

效力	非强制性
适用对象	进行绿色投资的公开和非公开募集证券投资基金或资产管理计划的管理人及其产品
涉及定义	绿色投资是指以促进企业环境绩效、发展绿色产业和减少环境风险为目标，采用系统性绿色投资策略，对能够产生环境效益、降低环境成本与风险的企业或项目进行投资的行为。主动管理的绿色投资产品，应当将绿色因素纳入基本面分析维度，可以将绿色因子作为风险回报调整项目，帮助投资决策。主动管理的绿色投资产品，应当将不符合绿色投资理念和投资策略的投资标的纳入负面清单
分类	绿色投资范围应围绕环保、低碳、循环利用，包括并不限于提高能效、降低排放、清洁与可再生能源、环境保护及修复治理、循环经济等
主要需要披露的信息	1．发行、运作主动管理的绿色投资产品时，应披露绿色基准、绿色投资策略以及绿色成分变化等信息 2．在组合管理过程中，应当定期跟踪投资标的环境绩效，更新环境信息评价结果，对资产组合进行仓位调整，对最低评级标的仓位加以限制 3．基金管理人应每年开展一次绿色投资情况自评估，报告内容包括但不限于公司绿色投资理念、绿色投资体系建设、绿色投资目标达成等。基金管理人应于每年3月底前将上一年度自评估报告连同"基金管理人绿色投资自评表"以书面形式报送中国证券投资基金业协会

资料来源：作者根据公开信息整理。

2019 年 11 月，香港证券及期货事务监察委员会（Securities and Futures Commission，SFC）发布《致证监会认可单位信托基金及互惠基金的管理公司的通告——有关绿色或 ESG 基金》（*Circular to management companies of SFC – authorized unit trusts and mutual funds – Green or ESG funds*）。该指引是香港绿色金融策略框架下的重要监管举措。

2021 年 6 月，SFC 在 2019 年通告的基础上，发布《致证监会认可单位信托基金及互惠基金的管理公司的通告——有关 ESG 基金》（*Circular to management companies of SFC – authorized unit trusts and mutual funds – ESG funds*），新规自 2022 年 1 月 1 日起施行（见表 1-13）。与旧规相比，新规对 ESG 基金的界定为 ESG 是核心投资重点，并在投资

目标和投资策略中有所体现的基金。针对使用某些全球性的 ESG 相关原则进行负面筛查、投资经理将 ESG 因素和财务因素共同纳入投资决策流程以获得一个更加全面的风险收益投资决策的基金不属于 ESG 基金。新规要求 ESG 基金对其如何考量 ESG 因素进行定期评估，同时为以气候相关因素为重点的 ESG 基金提供额外指引。

表 1－13　中国香港可持续产品披露要求

条文名称	《致证监会认可单位信托基金及互惠基金的管理公司的通告——有关绿色或 ESG 基金》（Circular to management companies of SFC - authorized unit trusts and mutual funds - Green or ESG funds）
发布时间	2021 年 6 月 29 日
实施日期	2022 年 1 月 1 日
发布机构	香港证券及期货事务监察委员会
效力	强制性
适用对象	ESG 基金
涉及定义	ESG 基金界定为 ESG 是核心投资重点，并在投资目标和投资策略中体现的基金
分类	SFC 认为以下基金案例（不限于）属于 ESG 基金： 1．通过定量或定性方式挑选 ESG 表现好的标的 2．至少 70% 的比例投资于有助于气候变化适应或减缓相关或其长期经营不受气候影响的标的 3．投资对气候变化有正面影响的基金 SFC 认为以下基金案例（不限于）虽包含 ESG 因素，但 ESG 因素不是基金的核心投资目标或投资策略，因此不属于 ESG 基金： 1．采用负面筛查法筛除不符合某些 ESG 原则（如联合国全球契约原则）的基金 2．投资经理将 ESG 因素和财务因素共同纳入投资决策流程以获得一个更加全面的风险收益投资决策
主要需要披露的信息	1.ESG 基金应在其发行文件中披露以下内容： 1）ESG 是核心投资重点 描述 ESG 基金的主要投资重点（如气候变化、绿色、低碳足迹和可持续性等）；用于实现 ESG 是核心投资重点的 ESG 标准（如过滤标准、指标、评级、第三方证书或标签等） 2）ESG 基金所采取的投资策略 说明 ESG 基金采用的投资策略、该战略在投资过程中的约束性要素和重要性，以及该战略在投资过程中如何持续实施；描述如何考虑 ESG 标准的，如衡量 ESG 标准的方法、这些标准与投资战略的排序、所考虑的最重要 ESG 标准的例子（如果有的话）；说明是否采用排除策略以及排除类型

主要需要披露的信息	3）资产配置 与基金的 ESG 重点相一致的证券或其他投资的最低比例（如 ESG 基金的净资产价值） 4）参考基准 如果基金跟踪 ESG 基准（如指数基金）时，则需披露跟踪基准的详细信息，包括基准的特点和总体构成；如果基金试图根据指定的参考基准衡量其 ESG 重点，则需解释指定参考基准为何与基金相关 5）其他信息 ESG 基金应在发行文件中酌情向投资者披露 ESG 基金、基金经理或指数提供商（ESG 基金跟踪 ESG 基准的）的以下补充信息： a）说明在基金整个周期内如何通过内部或外部机制衡量和监测基金关注 ESG b）关于衡量 ESG 是核心投资重点、基金关注 ESG 理念的方法 c）关于基金底层资产 ESG 属性的尽职调查的描述 d）参与（包括代理投票）政策的描述（如果有的话） e）ESG 数据的来源和处理方法，或在无法获得相关数据的情况下做出的任何假设的描述 附加信息可在基金经理的网站上或通过其他方式披露。附加信息应不时审查和更新，以确保准确性 6）风险 描述与基金的 ESG 重点和相关投资策略相关的风险或限制（如方法和数据的限制、缺乏标准化分类法、对投资选择的主观判断、对第三方来源的依赖、对特定 ESG 重点的投资的集中等） 2. 定期评估和报告 ESG 基金应至少每年进行定期评估，以评估该基金如何达到其 ESG 重点。 基金应以适当方式（如年报）向投资者披露其定期评估的以下信息： 1）说明基金在评估期间如何实现以 ESG 为核心；与基金 ESG 理念相一致的实际比例；因基金 ESG 理念经过筛选而未被选择的投资领域的实际比例；将基金 ESG 因素的业绩与指定参考基准进行比较（如果有的话）；为实现基金的 ESG 理念而采取的行动（如股东参与活动、ESG 基金对其被投资公司的代理投票记录等）；基金经理认为其他有必要的信息 2）对上述评估依据的描述，包括任何估计和限制 3）基金以前提供定期评估的情况，至少包含当前和上一个评估期之间的比较 3. 关于气候基金 气候基金与气候相关重点的例子包括：主要投资于从事有助于减缓或采用气候变化的经济活动的公司，寻求与参考基准相比的低碳足迹，促进减少温室气体排放，对减缓或适应气候变化产生积极影响，促进向低碳经济过渡等 对于气候基金可考虑的与气候有关的指标（"气候指标"），包括：碳足迹、加权平均碳强度、温室气体排放、收入或利润、资本或运营支出承诺、被认为对减缓或适应气候变化有有利贡献的活动等 如果气候基金有指定的气候基准，披露应包括：解释参考基准如何持续与基金的气候相关重点保持一致；解释指定指数与大盘指数有何不同 应明确披露衡量气候指标的方法（包括所使用的标准、计算依据或公式、相关数据来源、作出的任何假设或估计、局限性等） 气候基金可以通过将基金的气候指标与上一评估期、参考基准、普遍投资情形等进行比较，证明其对于气候相关的关注

资料来源：作者根据公开信息整理。

1.3.1.3　国家部门

近年来，非金融监管机构也加大了对企业 ESG 体系建设的支持力度，肩负起领导工作。2015 年 11 月 27 日，环境保护部与国家发展和改革委员会发布《关于加强企业环境信用体系建设的指导意见》，明确记入企业环境信用记录的信息范围；建立和完善企业环境信用记录；完善企业环境信用信息公开制度；完善企业环境信用评价制度；探索企业环境信用承诺制度；加强企业环境信用信息系统建设；推动建立环保守信激励、失信惩戒机制；开展环境服务机构及其从业人员环境信用建设；加强企业环境信用体系建设的支持和保障。

2019 年 2 月 14 日，国家发展和改革委员会、工业和信息化部、自然资源部、生态环境部、住房和城乡建设部、人民银行、国家能源局发布《绿色产业指导目录（2019 年版）》，明确了绿色产业、绿色项目的界定与分类。国家发展和改革委等七部门要求各部门将该目录作为基础，根据各自领域、区域发展重点，出台投资、价格、金融、税收等方面政策措施，为绿色投资提供有力的参考支持。同年 4 月 15 日，国家发展和改革委员会、科技部发布了《关于构建市场导向的绿色技术创新体系的指导意见》，加强绿色技术创新金融支持。

2020 年 3 月 3 日，中共中央办公厅、国务院办公厅印发《关于构建现代环境治理体系的指导意见》，提出要健全环境治理企业责任体系。根据第三大项健全环境治理企业责任体系，要求依法实行排污许可管理制度，推进生产服务绿色化，提高治污能力和水平，公开环境治理信息。

2021 年 5 月，生态环境部印发《环境信息依法披露制度改革方案》，提出建立健全环境信息依法强制性披露规范要求、协同管理机制、监督机制，加强环境信息披露法治化建设，提出"到 2025 年，环境信息强制性披露制度基本形成"的主要工作目标。

综上所述，近年来我国在 ESG 信息披露制度建设方面取得了一定的进展，公司责任投资信息披露已呈现出明显的规范化趋势，但目前仍处于以自愿披露为主的阶段（见表 1 - 14）。中国监管机构已开始向强制要求公司披露 ESG 相关信息的阶段过渡，对 ESG 信息披露进行有效约束和规范，逐步完善和统一 ESG 信息披露框架。

表 1 - 14　国内监管 ESG 政策制度

发布时间	监管机构	文件发布名称	文件内容概括
2006 年	深交所	《上市公司社会责任指引》	要求上市公司积极履行社会责任，定期评估公司社会责任的履行情况，自愿披露企业社会责任报告
2008 年	上交所	《关于加强上市公司社会责任承担工作暨发布〈上海证券交易所上市公司环境信息披露指引〉的通知》	要求上市公司及时披露公司在承担社会责任方面的做法和成绩，并对上市公司环境信息披露提出了具体要求
	上交所	《〈公司履行社会责任的报告〉编制指引》	要求上市公司披露在促进社会可持续发展、环境及生态可持续发展、经济可持续发展方面的工作
2014 年	银监会办公厅	《中国银监会办公厅关于信托公司风险监管的指导意见》	要求建立社会责任机制，信托业协会要公布信托公司社会责任要求，按年度发布行业社会责任报告
2015 年	中国保险监督管理委员会	《中国保监会关于保险业履行社会责任的指导意见》	制定社会责任规划，健全社会责任工作体系；加强行业内外协作，提高社会责任管理成效
	环境保护部与国家发展和改革委员会	《关于加强企业环境信用体系建设的指导意见》	明确记入企业环境信用记录的信息范围；建立和完善企业环境信用记录；完善企业环境信用信息公开制度；完善企业环境信用评价制度
2016 年	中国人民银行、财政部、国家发展和改革委员会、环境保护部、中国银行业监督管理委员会、中国证券监督管理委员会、中国保险监督管理委员会	《关于构建绿色金融体系的指导意见》（银发〔2016〕228 号）	提出了支持和鼓励绿色投融资的一系列激励措施；要求统一绿色债券界定标准，逐步建立和完善上市公司和发债企业强制性环境信息披露制度；提出发展绿色保险和环境权益交易市场，按程序推动制定和修订环境污染强制责任保险相关法律或行政法规

发布时间	监管机构	文件发布名称	文件内容概括
2017 年	中国金融学会绿色金融专业委员会、中国投资协会、中国银行业协会、中国证券投资基金业协会、中国保险资产管理业协会、中国信托业协会、环境保护部环境保护对外合作中心	《中国对外投资环境风险管理倡议》	明确参与对外投资的金融机构和企业应充分了解项目所在地的环境法规、标准和相关的环境风险；参与对外投资的银行应借鉴国际可持续原则，参与对外投资的机构投资者应借鉴联合国责任投资原则，在投资决策和项目实施过程中充分考虑环境、社会、治理（ESG）因素，建立健全管理环境风险的内部流程和机制
	证监会	《公开发行证券的公司信息披露内容与格式准则第 2 号——年度报告的内容与格式（2017 年修订）》	规定重点排污单位在报告期内以临时报告的形式披露环境信息内容的，应当说明后续进展或变化情况
2018 年	中国人民银行、中国银行保险监督管理委员会、中国证券监督管理委员会、国家外汇管理局	《关于规范金融机构资产管理业务的指导意见》（《资管新规》）	明确资管行业应当遵循责任投资原则与可持续发展的基本理念，将重心放在信息披露、投资者关系与权益保障以及风险控制等重点关注领域
	中国保险资产管理业协会	《中国保险资产管理业绿色投资倡议书》	引导保险资金优化资本市场资源配置、服务实体经济，推动建立保险资金绿色投资新体系
	证监会	《上市公司治理准则》	确立了环境、社会责任和公司治理（ESG）信息披露的基本框架
	中国证券投资基金业协会	《绿色投资指引（试行）》	要求基金管理人于每年 3 月底前将上一年度自评估报告连同"基金管理人绿色投资自评表"以书面形式报送中国证券投资基金业协会
2019 年	上交所	《上海证券交易所科创板股票上市规则（2019 年 4 月修订）》	明确科创板上市和监管要求，要求上市公司应在年度报告中披露履行社会责任的情况；出现违背社会责任重大事项时应当充分评估潜在影响并及时披露

发布时间	监管机构	文件发布名称	文件内容概括
2019 年	国家发展和改革委员会、工业和信息化部、自然资源部、生态环境部、住房和城乡建设部、人民银行、国家能源局	《绿色产业指导目录（2019 年版)》	明确了绿色产业、绿色项目的界定与分类，要求各部门将该目录作为基础，根据各自领域、区域发展重点，出台投资、价格、金融、税收等方面政策措施，为绿色投资提供有力的参考支持
	国家发展和改革委员会、科技部	《关于构建市场导向的绿色技术创新体系的指导意见》	加强绿色技术创新金融支持，并计划于2020 年制定公募和私募基金绿色投资标准和行为指引
2020 年	全国中小企业股份转让系统有限责任公司	《全国中小企业股份转让系统挂牌公司治理规则》	新三板引导挂牌公司提升治理水平，保护投资者合法权益
	深交所	《深圳证券交易所上市公司规范运作指引（2020 年修订)》	上市公司应积极保护债权人和职工的合法权益，诚信对待供应商、客户和消费者，践行绿色发展理念
	深交所	《深圳证券交易所上市公司信息披露工作考核办法（2020 年修订)》	将责任投资明确纳入对上市公司投资者关系管理情况的考核
	中共中央办公厅、国务院办公厅	《关于构建现代环境治理体系的指导意见》	提出要健全环境治理企业责任体系
2021 年	生态环境部	《环境信息依法披露制度改革方案》	提出建立健全环境信息依法强制性披露规范要求、协同管理机制、监督机制，加强环境信息披露法治化建设

资料来源：作者根据公开信息整理。

1.3.2 ESG 基金数量和规模分析

本报告将 ESG 投资区分为核心 ESG 投资和泛 ESG 投资。核心 ESG 投资指产品名称、投资目标、投资理念、投资范围或业绩基准中包含

"ESG、责任"关键词的金融产品；泛 ESG 投资指聚焦 ESG 理念所鼓励的相关行业或主题的投资，通过产品名称、投资目标、投资理念、投资范围或业绩基准中是否包含"环境""环保""低碳""碳中和""绿色""美丽中国""节能""生态""气候变化""再生""可持续""公司治理"等关键词作为判断标准（见表 1－15）。

表 1－15 用于界定 ESG 投资的关键词

ESG 投资类型	初步筛选所使用的关键词	
核心 ESG 投资	ESG、责任	
泛 ESG 投资	环境：环境、环保、低碳、碳中和、绿色、美丽中国、节能、生态、气候变化、再生	
	社会：可持续	
	治理：公司治理	

资料来源：作者根据公开信息整理。

1.3.2.1 国内 ESG 公募基金

2005 年以来，ESG 公募基金的数量、份额和规模基本呈增长向上态势。依照上述标准对国内公募基金进行筛选，截至 2022 年 6 月 30 日，国内 ESG 公募基金（包含核心 ESG 公募基金和 ESG 主题公募基金）共374 只，总体基金份额超过 2 419 亿份，总体基金净值达 3 925 亿元（见图 1－9）。此外，继国家主席习近平在 2020 年联合国大会上郑重宣布中国力争 2030 年前碳排放达峰、2060 年前实现碳中和后，ESG 公募基金获得显著增长。

从资产类别看，基于一级投资类型，截至 2022 年 6 月 30 日，ESG公募基金中以混合型和股票型为主，两种类型基金数量分别占全部 ESG公募基金数量的65%和28%，基金份额分别占全部 ESG 公募基金份额的69%和20%，基金净值分别占全部 ESG 公募基金净值的68%和26%。债券型 ESG 公募基金占比较少，不论基金数量、基金份额或基金净值占整体 ESG 公募基金仅为个位数（见图 1－10）。

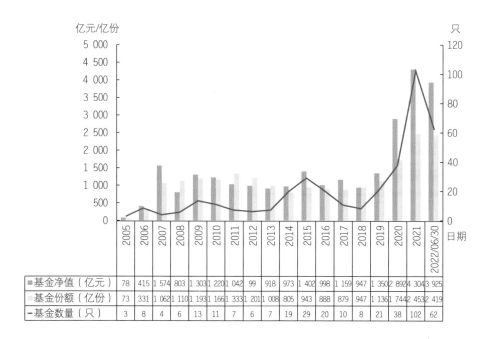

图 1–9　2005—2022 年 6 月 30 日 ESG 公募基金份额、规模和数量变化

（资料来源：作者根据万得数据整理）

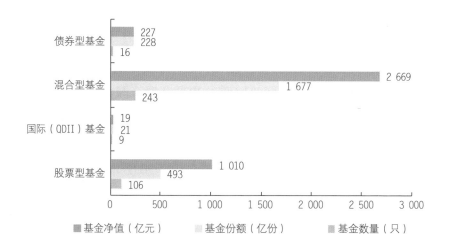

图 1–10　不同类型 ESG 公募基金数量、份额与规模（一级投资类型）

（资料来源：作者根据万得数据整理）

按照二级投资类型分类，截至 2022 年 6 月 30 日，393 只 ESG 基金中以偏股混合型、普通股票型、灵活配置型基金为主，其基金数量分别为 185 只、47 只和 55 只，对应份额分别为 1 451 亿份、326 亿份和 214 亿份，对应净值分别为 2 002 亿元、823 亿元和 650 亿元。其余类型基金个数和规模均较小（见图 1–11）。

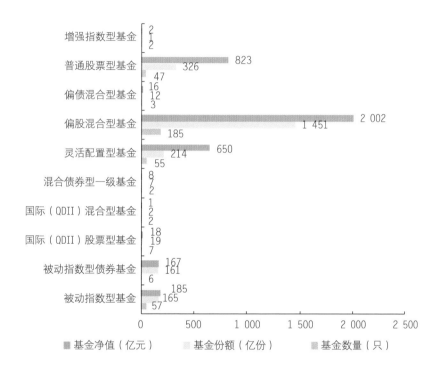

图 1–11　不同类型 ESG 公募基金数量、份额与规模（二级投资类型）

（资料来源：作者根据万得数据整理）

根据主动型与被动型进行分类，截至 2022 年 6 月 30 日，374 只 ESG 公募基金中以主动型基金为主，基金数量为 309 只，基金份额为 2 019亿份，基金净值为 3 571 亿元；相比较而言，被动型基金数量、份额和规模均较小，分别为 65 只、328 亿份、354 亿元（见图 1–12）。

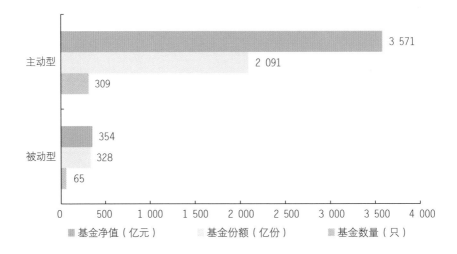

图1-12 不同类型ESG公募基金数量、份额与规模（主动与被动类型）

（资料来源：作者根据万得数据整理）

1.3.2.2 国内核心ESG公募基金

2006年，中银基金管理有限公司发布首只核心ESG公募基金"中银持续增长A"，在投资理念中提出"专注于具有核心竞争力、良好公司治理、勇于创新并富于社会责任感的公司"。2013年，财通基金管理有限公司发布首只产品名称中包含"ESG"的公募基金——"财通中证ESG100指数增强"，并对中证财通中国可持续发展100（ECPIESG）指数进行跟踪。

自2020年起，核心ESG公募基金的发行显著增多。2022年4月，证监会在《关于加快推进公募基金行业高质量发展的意见》中鼓励公募基金积极践行责任投资理念，引导行业总结ESG投资规律，大力发展绿色金融，改善投资活动环境绩效，进一步推动了ESG基金的发行。截至2022年6月30日，本报告根据产品名称、投资目标、投资理念、投资范围或业绩基准中是否包含"ESG、责任投资"关键词筛选出了81只核心ESG公募基金，总体基金份额超过556亿份，总体基金净值达704亿元（见图1-13）。根据投资目标、投资理念和投资范围，81只核心

ESG 基金中有 13 只提及并使用 ESG 相关因子进行评价，57 只未明确提及但与 ESG 理念或可持续相关，9 只为 ESG 主题或行业相关基金。

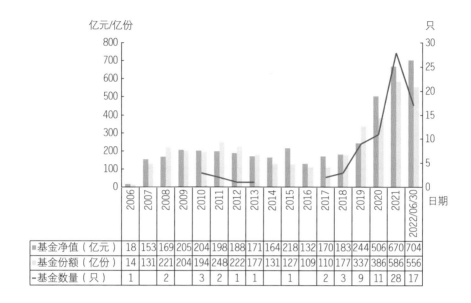

图 1 – 13　核心 ESG 公募基金份额与规模、份额与数量

（资料来源：作者根据万得数据整理）

截至 2022 年 6 月 30 日，从基金数量上看，核心 ESG 公募基金中混合型基金和股票型基金占比较高，分别为 51% 和 37%；从基金份额和基金净值上看，混合型基金和债券型基金占比较高，两者基金份额占比分别为 53% 和 32%，两者基金净值占比分别为 61% 和 26%（见图 1 – 14）。

按照二级投资类型分类，截至 2022 年 6 月 30 日，81 只 ESG 基金中以偏股混合型、被动指数型债券基金为主，其基金数量分别为 40 只、6 只，对应份额分别为 287 亿份、161 亿份，对应净值分别为 402 亿元、167 亿元，其余类型基金个数和规模均较小（见图 1 – 15）。

根据主动型与被动型进行分类，截至 2022 年 6 月 30 日，81 只 ESG 公募基金中以主动型基金为主，基金数量为 57 只，基金份额为 341 亿

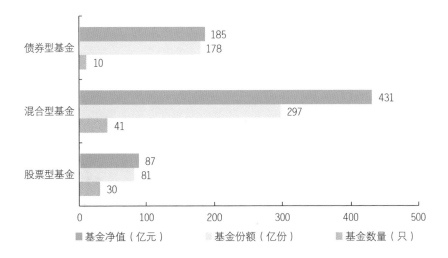

图 1-14　不同类型核心 ESG 公募基金数量、份额与规模（一级分类）

（资料来源：作者根据万得数据整理）

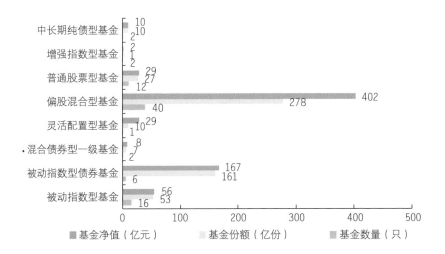

图 1-15　不同类型核心 ESG 公募基金数量、份额与规模（二级分类）

（资料来源：作者根据万得数据整理）

份，基金净值为479亿元；相比较而言，被动型基金数量、份额和规模均较小，分别为23只、215亿份、225亿元（见图1-16）。

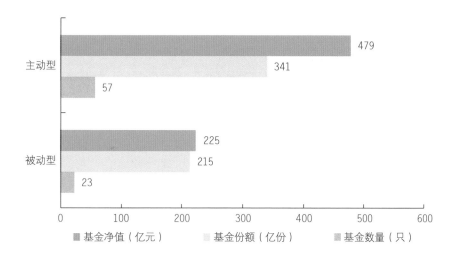

图 1-16　不同类型核心 ESG 公募基金数量、份额与规模（主动与被动类型）

（资料来源：作者根据万得数据整理）

为了研究核心 ESG 基金的业绩表现，本报告以 2022 年 6 月 30 日为时间节点，研究了其下行风险同类排名百分位、信息比率同类排名百分位、基金相比业绩基准区间年化收益率和基金相比业绩基准区间年化夏普比率。

Verheyden、Eccles 和 Feiner（2016）设计了一系列测试，比较经过某些 ESG 标准筛选的投资组合相比于未使用 ESG 筛选的投资组合，研究发现了 ESG 筛选策略几乎没有减少收益率，还相对降低了风险，并且对组合的多样性几乎没有负影响。聚焦核心 ESG 主动管理型基金实际表现（见表 1-16），从下行风险同类排名看，近两年和近三年核心 ESG 主动管理型基金表现优于中位数的比例超 70%；从信息比率同类排名看，近六个月和近一年区间核心 ESG 主动管理型基金表现优于中位数的比例超 50%，近两年和近三年表现优于中位数的比例高达 98%。从相比于业绩基准的收益率表现来看，核心 ESG 主动管理型基金未显优于

0；从相比于业绩基准的夏普比率表现来看，近两年和近三年分别有51%和51%的核心ESG主动管理型基金表现优于0。

表1-16　核心ESG主动管理型基金同类排名及相比业绩基准表现

排名标准		时间区间			
		近六个月	近一年	近两年	近三年
下行风险同类排名	优于中位数的基金数量（只）	20	22	41	46
	优于中位数的基金数量占全部核心ESG主动管理型公募基金数量（%）	35	39	72	81
信息比率同类排名	优于中位数的基金数量（只）	29	35	56	56
	优于中位数的基金数量占全部核心ESG主动管理型公募基金数量（%）	51	61	98	98
基金相比业绩基准区间年化收益率（基金收益率－业绩基准收益率,%）	高于0的基金数量（只）	12	17	11	10
	高于0的基金数量占全部核心ESG主动管理型公募基金数量（%）	21	30	19	18
基金相比业绩基准区间年化夏普比率（基金夏普比率－业绩基准夏普比率,%）	高于0的基金数量（只）	17	20	29	29
	高于中位数0的基金数量占全部核心ESG主动管理型公募基金数量（%）	30	35	51	51

资料来源：作者根据万得数据整理。

针对核心ESG被动管理型基金，从下行风险同类排名看，除近六个月表现，近一年、近两年和近三年表现均有超70%的基金表现优于中位数；从信息比率同类排名看，超50%的核心ESG被动管理型基金均优于中位数。从相比于业绩基准的收益率表现来看，70%的核心ESG被动管理型基金近六个月表现优于0；从相比于业绩基准的夏普比率表现来看，近两年和近三年分别有61%和61%的核心ESG被动管理型基金表现优于0（见表1-17）。

表1-17 核心ESG被动管理型基金同类排名及相比业绩基准表现

排名标准		时间区间			
		近六个月	近一年	近两年	近三年
下行风险同类排名	优于中位数的基金数量（只）	11	17	20	21
	优于中位数的基金数量占全部核心ESG被动管理型公募基金数量（%）	48	74	87	91
信息比率同类排名	优于中位数的基金数量（只）	13	18	18	21
	优于中位数的基金数量占全部核心ESG被动管理型公募基金数量（%）	57	78	78	91
基金相比业绩基准区间年化收益率（基金收益率－业绩基准收益率,%）	高于0的基金数量（只）	16	10	6	3
	高于0的基金数量占全部核心ESG被动管理型公募基金数量（%）	70	43	26	13
基金相比业绩基准区间年化夏普比率（基金夏普比率－业绩基准夏普比率,%）	高于0的基金数量（只）	10	10	14	14
	高于中位数0的基金数量占全部核心ESG被动管理型公募基金数量（%）	43	43	61	61

资料来源：作者根据万得数据整理。

1.3.2.3 国内ESG指数

根据境外市场ESG发展经验，ESG被动基金是未来投资发展的重要趋势，ESG相关指数是观察资本市场对ESG关注度的必要角度。通过搜

索指数名称中是否包括前文定义 ESG 投资的关键词，本报告统计了市场
上 ESG 指数，截至 2022 年 6 月 30 日，市场发行 ESG 指数共 698 只，其
中核心 ESG 指数 274 只，泛 ESG 指数 424 只（见图 1 – 17）。

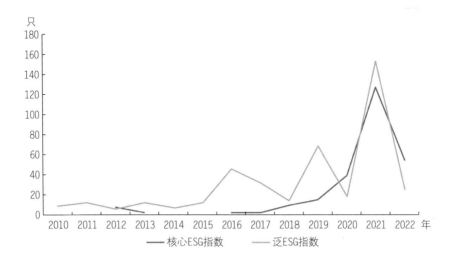

图 1 – 17　核心 ESG 和泛 ESG 指数发布趋势

（资料来源：作者根据万得数据整理）

2021 年核心 ESG 指数和泛 ESG 指数均获得爆发式增长。核心 ESG
指数中，股票型指数和债券型指数占比分别为 58% 和 39%。泛 ESG 指
数中，"绿色"相关指数占比较高，达 59%；其次为"碳中和"和"环
保"相关指数，占比分别为 13% 和 7%；"绿色"和"碳中和"筛选出
的指数以债券类型指数为主，债券类型指数在两类指数中占比分别为
85% 和 46%。

从发布机构来看，以中证指数有限公司和中央国债登记结算有限责
任公司为主。除此之外，万得信息技术股份有限公司和恒生指数有限公
司发布较多核心 ESG 指数；深圳证券信息有限公司、万得信息技术股份
有限公司、恒生指数有限公司和全国银行间拆借中心发布较多泛 ESG 指
数（见表 1 – 18）。

表 1 - 18　主要核心和泛 ESG 指数发布机构　　单位：只

发布机构	核心 ESG 指数	泛 ESG 指数
中证指数有限公司	98	121
中央国债登记结算有限责任公司	78	144
深圳证券信息有限公司	6	39
万得信息技术股份有限公司	20	22
恒生指数有限公司	20	16
全国银行间拆借中心	—	15
深圳证券交易所	4	8
申银万国指数	—	6
上海证券交易所	—	8
MSCI 指数	16	5
上海华证指数信息服务有限公司	14	5
长江证券股份有限公司	—	12
中国国际金融股份有限公司	—	6
国金证券股份有限公司	—	4
新华财经	4	—
其他	14	13

资料来源：作者根据万得数据整理。

1.3.2.4　国内 ESG 银行理财产品

截至 2022 年 6 月底，国内市场合计发行 ESG 银行理财产品 162 只，合计募集资金超过 844 亿元，其中存续产品 84 只（见图 1 - 18）。2022 年上半年，ESG 相关理财产品累计存续和在售 33 只，数量较 2021 年同期增长 1.75 倍；实际募集资金超过 77 亿元。除未披露产品外，自 2019 年起实际募集超过 10 亿元的产品占 11.7%。

从市场份额看，截至 2022 年 6 月 30 日，华夏银行及其理财子公司（华夏理财有限责任公司），作为最早践行 ESG 理念并发行 ESG 理财产品的资管机构之一，累计发行 ESG 银行理财产品 46 只，累计募集超过 260 亿元。其次为农银理财有限责任公司累计发行 26 只 ESG 银行理财，累计募集近 302 亿元。

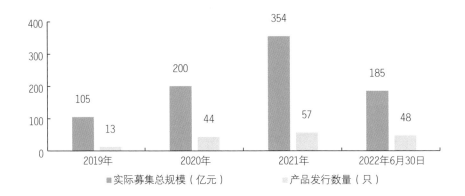

图 1-18 2019—2022 年国内 ESG 银行理财产品合计发行数量和募集规模

（资料来源：作者根据联合智评数据整理）

从发行机构性质看，发行 ESG 银行理财产品的多为股份制银行理财子公司，累计募集规模占 45.6% 的市场银行理财产品份额；其次为国有大型商业银行理财子，占 27.1% 的市场份额。自 2021 年底，外资银行也开始在国内市场代销境外 ESG 理财产品，其中渣打银行与贝莱德集团在国内推出了首个以 ETF 作为主要底层资产的理财产品，花旗银行发行了国内市场上仅有的两只美元产品。

在 ESG 策略上，根据各银行的理财产品说明书，ESG 系列理财产品重点投资于绿色发展、清洁能源、节能环保、消费升级、健康医药、乡村振兴、普惠金融、小微企业支持等产业来践行 ESG 投资理念，体现绿色升级和助力经济高质量发展主题。具体来看，国内银行在主动、被动和 FOF 投资中均展开了 ESG 理财产品的探索；正面筛选、负面剔除和 ESG 整合是运用较多的策略；在 FOF 投资中，ESG 理念体现在了对 ESG 主题基金和管理人的选择上。然而，各机构在产品说明书中对 ESG 投资策略的应用的披露仍较少。

在资产配置上，66% 的 ESG 银行理财产品属于固定收益类型，33.3% 属于混合类型。产品以公募形式发行、中低到中风险为主。

从销售地区看，截至 2022 年 6 月 30 日，除未披露产品外，仅有 25

只农村商业银行和城市商业银行的存续和在售产品仅在个别省份销售，其他机构均在全国范围内销售。

1.3.2.5 国内证券公司 ESG 相关研究

证券公司是投资市场重要的服务提供者，证券公司参与 ESG 信息的分析与处理，有助于投资流程纳入 ESG 因素考虑，是 ESG 生态的重要组成部分。作者通过检索统计标题中带有"ESG"的研究报告发现，截至 2022 年 6 月 30 日，全市场报告名称中包含 ESG 的报告共 296 篇。

依据报告内容，ESG 相关研究报告可以区分为六个类型（见表 1-19）。其中，"ESG 投资概览与追踪"聚焦 ESG 投资理念与市场发展态势，相关研报占比近半，达 146 篇。"ESG 策略与指数"和"ESG 数据与评价体系"相关报告的数量相近，占比分别为 15% 和 14%，说明市场聚焦指数及评价体系构建。"ESG 与信息披露"作为 ESG 评级及投资运用的基础，仍是市场关注的关键议题，相关报告占比约为 8%。"ESG 的实质性讨论"占比约为 4%，从相关报告具体内容来看，市场还没有对 ESG 是否产生超额收益或产生超额收益的方式达成一致。

表 1-19 ESG 相关研究报告主题分布

报告内容	报告数量（篇）	报告占比（%）
ESG 投资概览与追踪	146	49
ESG 策略与指数	43	15
ESG 数据与评价体系	42	14
特定行业或公司的 ESG 分析	28	9
ESG 与信息披露	24	8
ESG 的实质性讨论	13	4

资料来源：作者根据慧博数据整理。

为了进一步了解证券公司开展 ESG 研究的需求、重点和对 ESG 未来发展的看法，经与六家券商开展访谈得出以下主要结论。

证券公司基于股东需求、品牌建设和客户需求开展 ESG 研究。部分研究源于股东对绿色金融的重视，推动开展相关研究；部分研究出于客户委托课题、构建指数、ESG实质性相关研究需求等开展ESG研究；对ESG研究有需求的客户前期以公募基金和私募基金为主，近年受到国内监管政策带动，社保基金、保险资管、银行理财等对ESG的关注度均有所提升。

证券公司ESG研究人员的构成可以分为全职和兼职两类。其中，全职分析师多具有气候或环境学教育背景或从业经验、ESG数据或评级工作经验等；兼职分析师大多包含量化分析师、宏观及策略分析师等，这可能源于ESG整合需从宏观、中观及微观，量化和行业基本面等各个角度纳入对ESG的考虑，因此需要在宏观、策略、行业、量化等多个环节切入。

多家证券公司与ESG数据供应商开展合作。据了解，不同数据供应商的指标挖掘方式差别很大，因此，部分证券公司基于不同ESG数据供应商数据开始搭建自主ESG评价体系。由于主动投资中ESG与行业传统逻辑之间的关联性尚处于建立过程中，证券公司基于对行业的认知，更擅长挖掘行业关键ESG议题。值得提出的是，目前证券公司对微观层面ESG评分的关注较少，这可能源于ESG方法原理尚处于探索过程中，还没有形成成熟的方法论。

证券公司针对未来ESG研究发展方向的看法不同。部分券商认为ESG将不限于新能源赛道，未来将有更多赛道纳入ESG范畴；部分券商认为未来ESG指数将成为重要的业绩比较基准和跟踪指数；同时，部分券商认为ESG理念的推进有待ESG各项议题达成社会共识。

1.3.3 国内资管机构披露实践

考虑到国内ESG投资的发展进程，国际ESG投资排名对中国资管机构的纳入较少，因此中国机构样本从UN PRI签署方中选择。在内地，本报告选取所有在2022年6月末以前签署UN PRI的投资管理人，合计73家。在香港，签署UN PRI的投资管理人自2019年大幅增加，本报告选取2019年前的UN PRI签署机构为样本，合计20家（见表1-20）。

表1-20 香港资管机构样本

地区	机构
香港	亚洲债务管理香港有限公司、Orchid Asia Hong Kong Management Co. Ltd.、NewQuest Capital Partners、ARCH Capital Management Co. Ltd.、龙投资本管理（香港）、MBK Partners、Kerogen Capital、未来资产环球投资（香港）、AIF Capital、Advantage Partners、Brawn Capital Limited、汇勤资本管理、Nexus Point、Affinity Equity Partners、领展房产基金、Allard Partners、JK Capital Management Limited、CLSA Capital Partners Limited、Essence Asset Management (Hong Kong) Limited、先行投资管理

资料来源：作者根据公开信息整理。

1.3.3.1 内地

目前，中国境内并未对 ESG 投资披露作出强制要求。中国人民银行在 2021 年 7 月印发了《金融机构环境信息披露指南》，对披露原则、形式、内容进行了规范，鼓励金融机构每年至少一次披露环境相关信息。2022 年 6 月，中国银保监会印发《银行业保险业绿色金融指引》，要求银行保险机构在一年内落实绿色金融投资政策、机构治理框架、投后管理、机构自身可持续发展等内容，对绿色金融战略和政策、发展情况进行公开披露，并适当开展第三方审计鉴证。

中国内地资管机构的整体 ESG 投资实践在发展初期，投资披露也将进一步加强。在 73 家 UN PRI 资管机构签署方中，披露内容类型最多的是 ESG 方法论，近 10% 的机构公开了其负责任投资政策、投票政策或互动政策，且多为公募基金（见表 1-21）。

表 1-21 UN PRI 内地资管签署方的 ESG 投资披露情况

单位：家

分类	公募基金	私募基金	其他	总计
UN PRI 签署方	21	34	18	73
其中已披露：ESG 投资报告	1	—	—	1
ESG 报告	—	2	1	3
含 ESG 投资的年报或社会责任报告	2	—	1	3
符合 TCFD 建议的报告	—	—	—	—

续表

分类	公募基金	私募基金	其他	总计
碳中和目标、规划和路径图	3	—	—	4
ESG投资相关制度或政策	5	1	1	7
上述以外的ESG介绍性内容	2	2	—	4
总计	12	5	3	—

资料来源：作者根据公开信息整理。

注：其他类包含银行资管机构、创业投资机构和综合性资管机构。

ESG投资披露的形式不一，对ESG投资的具体流程和策略有介绍的机构较少。目前，仅有南方基金管理股份有限公司（以下简称南方基金）1家机构发布了独立ESG投资报告，对其ESG投资管理、解决方案、风险管理方法、成效和机构自身的ESG表现进行了近70页的陈述；3家机构在ESG报告中披露ESG投资管理和成果，以及机构自身的ESG运营；3家利用社会责任报告和年报公开相关内容（见表1-22）。

源于国内外对ESG理念本身理解的不同，内地机构的ESG信息披露内容包含针对本土化ESG核心议题的关注。南方基金在内部公司管理的关键议题包括党建、知识产权保护和反洗钱。昆吾九鼎投资管理有限公司作为中国首家加入UN PRI的资管机构，自2016年起在年度报告中涵盖其用于乡村振兴、共同富裕（助力经济增长、扶持中小企业）的股权投资数据。

在环境议题上，内地资管机构多以"双碳"政策为切入口，但仍需加强在气候治理上的披露。目前，兴证全球基金管理有限公司在该主题上公开的内容最为全面，包括碳中和白皮书，内容包括碳中和宣言、碳中和规划和实现路径；9家支持TCFD的UN PRI签署方均尚未发布单独TCFD报告。《中国资产管理机构气候表现研究报告（2022）》也指出，资管机构需要加强气候风险管理架构、方法和风险影响评估。在国家"双碳"背景下，应对气候变化和碳减排将是内地资管机构未来开展ESG投资和披露的核心主题之一。

表 1-22　部分内地资管机构的 ESG 投资公开披露情况

公司名称		南方基金	东方证券资产管理有限公司	国元证券股份有限公司
内部管理最多的资产类别		固定收益	—	—
ESG 投资	相关制度	—	环境、社会及公司治理（ESG）风险管理声明、责任投资声明	责任投资指引
	正面筛选方式	✓	✓	✓
	负面筛选方式	✓	✓	✓
	ESG 整合方式	✓	✓	✓
	主题投资方式	✓	✓	✓
尽责管理	相关制度	—	—	—
	历史代理投票	整体数据和个别案例	—	—
	投票情况详释	—	—	—
	互动情况	—	—	—
应对气候变化	相关制度	南方基金碳中和行动方案	东方证券碳中和目标及行动方案	—
	环境信息报告	—	依据 TCFD 框架在社会责任报告中简述	依据 TCFD 框架在 ESG 报告中简述
披露形式	专题报告	ESG 投资报告	—	—
	综合性报告	—	社会责任报告	年度 ESG 报告

资料来源：作者根据公开信息整理。

注：数据整理截至 2022 年 6 月 30 日。

1.3.3.2　香港

在监管层面，香港交易所于 2019 年修订了此前发布的《ESG 报告指引》，上市公司以"不遵守就解释"的原则强调对董事会在 ESG 方面的职责披露，并依照 TCFD 进行气候相关信息披露。2021 年 11 月，香港交易所在《按照 TCFD 建议汇报气候信息披露指引》中指出，拟在

2025 年前强制上市公司实施符合 TCFD 建议的气候相关信息披露，并鼓励 TCFD 报告尽快落实。

在香港，于 2019 年以前加入 UN PRI 的 20 家资管机构中，以私募基金为主，目前向公众披露的信息以 ESG 相关政策为主：其中 9 家公开了负责任投资政策，3 家公开了代理投票政策，分别有 1 家公开了可持续报告和负责任投资报告。在此背景下，有 5 家机构在其官方网站上提供了 UN PRI 年度透明度报告查看方式。在环境信息披露上，在 3 家支持 TCFD 的机构中 2 家公开了 TCFD 的环境信息披露，3 家披露了其环境或生物多样性政策。

具体来看，亚洲债务管理香港有限公司（以下简称亚债管理）是亚洲（除日本外）第一家加入 UN PRI 的基金公司。在其可持续发展报告中，亚债管理从负责任投资政策、团队建设、ESG 投资流程等方面对公司的 ESG 整合过程进行了详细介绍；该报告单独设立环境章节，展示了投资组合的碳足迹，减零态度和符合 TCFD 建议的信息披露（见表 1 - 23）。此外，未来资产环球投资（香港）（以下简称未来资产）在负责任投资报告结尾将其 ESG 相关研究资源，通过提供网站链接的方式公开，其中包括报告期内发布的行业研究、ESG 领域观点、ESG 宣讲和过往 ESG 峰视频会。

表 1 - 23　部分香港资管机构的 ESG 投资公开披露情况

公司名称		亚债管理	未来资产	Advantage Partners, Inc.
内部管理最多的资产类别		固定收益	上市股权	私募股权
ESG 投资	相关制度	ESG 政策	负责任投资政策	ESG 政策
	正面筛选方式	—	✓	—
	负面筛选方式	✓	✓	✓
	ESG 整合方式	✓	✓	✓
	主题投资方式	✓	—	—

续表

公司名称		亚债管理	未来资产	Advantage Partners，Inc.
尽责管理	相关制度	尽责管理和互动政策	尽责管理守则、投票和互动政策	—
	历史代理投票	—	半年总览	—
	投票情况详释	—	—	—
	互动情况	✓	✓	—
应对气候变化	相关制度	气候变化声明	—	—
	环境信息报告	TCFD 报告	TCFD 报告	—
报告形式	专题报告	（私募债）年度可持续报告	年度投票报告、年度负责任投资报告	—
	非财务综合性报告	—	—	—

资料来源：作者根据公开信息整理。

注：数据整理截至 2022 年 6 月 30 日。

2. ESG投资底层研究

随着近几年 ESG 投资理念在国内不断深入传播，ESG 投资规模与运用成熟度持续提升。在此背景下，本章回归 ESG 本源数据层面，立足 ESG 基础设施，审视 ESG 评价实质性。通过 ESG 底层数据归类展示与 ESG 评级指标案例分析，展现目前国内 ESG 底层数据现状，提供 ESG 数据运用思路，从而为 ESG 评价提供有力支撑。

在第 1 小节中，本报告通过将公开渠道收集到的 ESG 底层数据标签化，借鉴国内外 ESG 披露准则，将 ESG 底层数据在环境（E）维度上分为 5 个大类，13 种小类，共 39 类数据；在社会（S）维度上归为 3 个大类，10 个小类，共 40 类数据；在公司治理（G）维度上形成 2 个大类，9 个小类，共 29 类数据。

在国家相关政策持续倡导下，国内 ESG 信息释放程度与底层数据采集覆盖实现了阶段性匹配。在国内 ESG 披露持续规范背景下，国内专业 ESG 数据供应商提供的数据质量与数据广度有趋同的迹象，ESG 底层数据的公开可得性、相对低频的披露属性与数据采集技术的运用成熟度是主要原因。

在国家政策与市场参与者的双向推动下，未来国内 ESG 数据将进入精细化发展阶段。本报告认为，随着整体数据丰富度与定性数据可比性的提升，国内 ESG 底层数据将更加精细化，并呈现出两个特点：一是国内 ESG 数据服务的差别将更多体现在结构化后的数据层面；二是国内企业层面的碳排放数据因收集与计算方式不同，将以模型估算与真实企业披露两类不同性质数据共同呈现。

在第 2 小节中，本报告以 30 个中信一级行业代表个股为样本，选取了万得、妙盈、秩鼎和路孚特四家评级机构，初步探讨了多家 ESG 评级机构在指标设计上的差异，并定量地比较了一级和二级指标权重设计在评级机构间的分歧程度，以及各评级机构内部不同行业的权重设计区分度。主要有以下结论。

从一级权重（环境、社会、公司治理）来看，不同评级机构针对同一个股及其代表行业的权重设计不存在绝对意义上的重大分歧，但存在相对分歧。首先，对于超过半数的个股和代表行业来说，不同评级机构对同一个股及其代表行业两个及两个以上指标的权重分歧甚至大于不同评级机构针对不同个股及其代表行业的平均权重的分歧。其次，从同一评级机构内部的个股及其代表行业区分度来看，四家评级机构针对行业的权重设计不存在绝对意义上的区分度，相对意义上，评级机构内部不同行业间权重区分度较大的是妙盈和路孚特。

从二级环境和社会（以下简称 E&S）指标来看，各家机构对同一个股及其代表行业的指标和权重设计分歧，无论是绝对和相对意义上均明显扩大。二级 E&S 指标权重的分歧程度要远大于一级权重，因而 E&S 指标设计和权重的分歧可以在更大程度上解释评级机构间的分歧。从同一评级机构内部的个股及其代表行业区分度来看，四家评级机构在行业之间的 E&S 二级指标权重设计的绝对区分度都比较小；相对区分度较大的有三家——妙盈、路孚特、万得。

2.1　ESG 底层数据归类

ESG 底层数据归类是审视 ESG 评价实质性的基础，本节内容形成过程采用自下而上的方式，一方面基于华夏理财内部已有的 ESG 底层数据，另一方面基于近几年通过人工/算法搜集方式从企业公开披露报告、政府网站、媒体网站等公开渠道得到的企业 ESG 数据信息。在此基础上，先将海量的 ESG 数据按照性质标签化，然后借鉴国内外 ESG 披露准则，再将底层数据以归类方式进行呈现。

鉴于数据颗粒度分散性，ESG底层数据归类仅对通用性ESG数据进行整理归类，数据整理截至2022年6月30日，且具有行业性质的ESG数据不在此次整理范围。

2.1.1 环境（E）维度

根据数据类型不同，对环境（E）维度数据总结归纳为五大类。

一是资源消耗类数据（见表2-1），指在业务开展过程中，对各类自然资源、一二次能源、物料等资源消耗的数据。结合数据披露内容以及企业与资源之间的互动关系，将数据主要归类为资源消耗的管理政策、资源消耗量、资源节约消耗量三个方面。

表2-1　资源消耗类数据

数据大类	数据种类	现有数据类型	数据来源
资源消耗类数据	能源	1. 能源管理政策与目标 2. 能源管理节约消耗量 3. 能源消耗量/成本	企业公开披露报告
	水资源	1. 水资源管理政策与目标 2. 水资源管理节约消耗量 3. 水资源消耗量/回收量/成本 4. 水源地类型	
	物料资源	1. 物料资源管理政策与目标 2. 物料资源管理节约消耗量 3. 物料资源消耗量/成本	
	土地资源等其他自然资源	1. 土地、湿地、森林等受公司业务影响的其他类型自然资源涉及的管理政策与目标 2. 其他类型自然资源管理节约消耗量 3. 其他类型自然资源消耗量/成本	

二是污染排放类数据（见表2-2），指在业务开展过程中，形成以废水、固体废弃物、废气（"三废"）为主的污染物排放数据。结合数

据披露内容以及企业污染排放涉及的工作步骤，将数据主要归类为污染物排放管理政策、污染物排放的减排量、污染物排放量三个方面。

表2-2　污染排放类数据

数据大类	数据种类	现有数据类型	数据来源
污染排放类数据	废水	1.废水排放管理政策 2.废水减排量 3.废水排放量	企业公开披露报告、政府相关信息网站、公开新闻媒体网站
	固体废弃物	1.固废排放管理政策 2.固废减排量 3.固废排放量	
	废气	1.废气排放管理政策 2.废气减排量 3.废气排放量	

三是应对气候变化类数据（见表2-3），指在气候变化议题下，在业务开展过程中形成的温室气体排放、应对气候变化开展方法两类数据。从数据披露现状看，目前温室气体排放数据主要以统计范围1、范围2、范围3二氧化碳排放当量为主，CH_4、N_2O等温室气体情况披露相对较少；应对气候变化工作开展方法则是企业为了应对气候变化带来的挑战与机遇，取得的外部评价结果或开展业务评估分析与目标制定/取得成效的相关信息。

表2-3　应对气候变化类数据

数据大类	数据种类	现有数据类型	数据来源
应对气候变化类数据	温室气体排放	1.温室气体减排管理措施 2.项目/业务温室气体减排量 3.温室气体排放量/强度	企业公开披露报告、碳计量方法测算
	应对气候变化工作开展方法	1.是否支持气候相关国际组织的倡议/具有气候相关评级结果 2.气候变化风险与机遇披露具体内容	企业公开披露报告，相关国际组织官方网站

四是环境管理类数据（见表2-4），指在业务开展过程中，涉及环保相关的各类数据，数据性质较为分散。

表2-4　环境管理类数据

数据大类	数据种类	现有数据类型	数据来源
环境管理类数据	环境违规与处罚	1. 环境处罚次数/金额 2. 环境负面事件与违规事件次数/恶劣程度	企业公开披露报告、政府相关信息网站、公开新闻媒体网站
	环境管理制度及预案	1. 环保相关制度办法 2. 环保相关应急预案	
	环境正面措施	1. 环境相关认证 2. 环保投入金额 3. 业务流程过程中的环保创新 4. 产品层面的环保创新 5. 保护环境所开展的活动次数 6. 活动取得的成效	

五是绿色融资类数据（见表2-5），指通过金融市场进行绿色低碳相关融资的数据。

表2-5　绿色融资类数据

数据大类	数据种类	现有数据类型	数据来源
绿色融资类数据	绿色融资能力	1. 绿色相关融资类型/笔数 2. 绿色相关融资额度	企业公开披露报告，国家公开交易及登记结算性质网站

2.1.2　社会（S）维度

根据数据类型不同，对环境（S）维度数据总结归纳为三大类。

一是员工责任类数据（见表2-6），指企业在经营发展过程中，在员工（与企业构成劳动关系的劳动者）权利与义务基础上形成的员工责任方面的数据。结合数据披露内容以及员工与企业之间的劳动关系，将数据主要归类为员工待遇、员工职业发展、员工健康安全三个方面。

表2-6　员工责任类数据

数据大类	数据种类	现有数据类型	数据来源
员工责任类数据	员工待遇	1. 员工薪酬政策 2. 员工日常福利政策，数据主要包括： (2.1) 员工假期/生育政策 (2.2) 员工工作时间政策 (2.3) 员工参与工会等组织政策 (2.4) 员工建议与反馈/满意度调查机制 (2.5) 促进女性就业政策 3. 正式/临时员工人数 4. 少数民族员工人数 4. 招聘/辞退员工人数 5. 违反《中华人民共和国劳动法》劳动者权利的违法违规事件 6. 涉及员工抗议的群体性负面事件	企业公开披露报告、公开新闻媒体网站
	员工职业发展	1. 员工培训/晋升/激励/平等就业政策 2. 公司多元化与包容度政策 3. 人均培训时间 4. 人均创收/创利 5. 员工持股数量	企业公开披露报告
	员工健康安全	1. 安全健康相关管理政策与目标 2. 安全健康相关管理政策与目标执行情况 3. 安全管理体系认证 4. 安全健康投入金额 5. 安全事故发生次数 6. 安全事故伤/亡人数	企业公开披露报告、政府相关信息网站、公开新闻媒体网站

二是产品责任类数据（见表2-7），指企业在践行社会责任过程中，与产品责任有关的数据。结合数据披露内容与产品责任涉及范围，数据可归类为产品质量与安全、产品创新、消费者端、供应商端的产品责任四个方面。

67

表2-7　产品责任类数据

数据大类	数据种类	现有数据类型	数据来源
产品责任类数据	产品质量与安全	1．产品质量与安全管理制度与措施 2．产品质量体系认证 3．数据信息安全管理制度与措施 4．产品质量与数据信息安全违规/负面事件	企业公开披露报告、政府相关信息网站、公开新闻媒体网站
	产品创新	1．产品研发创新管理制度 2．产品研发创新人员数量/投入金额 3．产品研发创新获奖情况 4．产品研发知识产权/专利的数量	
	消费者权益	1．消费者管理政策与制度 2．消费者投诉维权/处理事件数量 3．消费者满意度结果 4．消费者隐私管理	
	供应链管理	1．供应商管理政策与制度 2．供应商所获ESG及其他标准认证 3．供应商数量/业务开展规模 4．供应商ESG负面/违规事件	

三是社会责任类数据（见表2-8），指企业在践行社会责任过程中社区及地域责任方面的数据。结合数据披露内容与社区和地域责任内容，数据可归类为社区发展、公益慈善、国家战略规划三个方面。

表2-8　社会责任类数据

数据大类	数据种类	现有数据类型	数据来源
社会责任类数据	社区发展	1．促进社区发展的项目类型/个数 2．促进社区发展的投入金额	企业公开披露报告、公开新闻媒体网站
	公益慈善	1．公益慈善捐赠笔数与金额 2．公益项目员工参与数量/时长	
	国家战略规划	1．精准扶贫、乡村振兴等响应国家战略工作情况 2．精准扶贫、乡村振兴等响应国家战略工作成效	

2.1.3 公司治理（G）维度

根据数据类型不同，对公司治理（G）维度数据总结归纳为两大类。

一是治理结构类数据（见表2-9）。从狭义的公司治理角度出发，基于企业所有权层次，涵盖公司治理涉及的企业主要架构及架构合理性的相关数据。

表2-9 治理结构类数据

数据大类	数据种类	现有数据类型	数据来源
治理结构类数据	股东大会	1. 主要股东及其持股比例 2. 股东大会运转机制及关键决定事项	企业公开披露报告、政府相关信息网站
	董事会、监事会、高级管理层	1. 董监高基本信息及运作情况，数据主要包括： （1.1）董监高人数/履历/专业技能/平均年龄/女性占比/平均任期/兼职情况/会议次数/报酬 （1.2）董监高离职率/平均会议出席率 （1.3）董事长与CEO独立性 （1.4）公司实际控制人稳定性 2. 对于董事会，额外数据主要包括： （2.1）独立董事占比 （2.2）董事会下设委员会成立开展情况 （2.3）董事会各下设委员会独立董事占比/会议次数/平均会议出席情况	

二是治理机制类数据（见表2-10）。从狭义的公司治理角度出发，基于企业主要架构权责，涵盖围绕治理绩效的相关数据。结合企业主要治理绩效与数据披露内容，主要归类为风险管理、内控与审计、信息披露、高管激励、商业道德、利益相关方和ESG治理七个方面。

表2－10 治理机制类数据

数据大类	数据种类	现有数据类型	数据来源
治理机制类数据	风险管理	1．风险管理体系 2．风险管理体系参照标准 3．ESG风险管理/气候风险管理 4．纳税管理/金额 5．企业重大风险事件 6．企业重大风险损失金额	企业公开披露报告、政府相关信息网站、公开新闻媒体网站
	内控与审计	1．内控/审计相关制度与程序 2．举报相关制度与程序 3．企业违法违规事件 4．企业违法违规处罚金额	
	信息披露	1．信息披露管理制度 2．信息披露种类 3．信息披露及时性/有效性 4．信息披露外部审核异议	
	高管激励	1．高管股权激励/绩效方案 2．高管股权激励比例 3．高管激励政策与ESG挂钩程度	
	商业道德	1．商业道德管理制度 2．商业道德培训时长	
	利益相关方	1．利益相关方管理制度 2．利益相关方沟通情况	
	ESG治理	1．ESG治理架构 2．ESG参与组织 3．ESG报告参考标准 4．ESG报告独立第三方审验	

2.2 ESG 评级指标权重设计比较研究

2.2.1 研究问题

在 ESG 投资趋势的驱动下，ESG 评级相关产品和服务迅速发展，国内外 ESG 评级机构数量快速增长。各评级机构根据自身对 ESG 和行业特性的理解，参考不同的 ESG 准则，针对不同行业设置 ESG 评级指标和参考底层数据。研究发现，2021 年 8 家评级机构针对国内公司的 ESG 评级分歧较为普遍。其中，指标和权重设置是 ESG 评级框架的重要差异来源。本节将针对评级机构一级、二级 ESG 指标权重分歧进行研究，探讨不同评级机构的 ESG 评价分歧与其一级、二级 ESG 指标权重设计的关系，并以行业的代表性公司为例，讨论指标设计的相对和绝对分歧。

2.2.2 研究思路

由于投资者关注对企业有重要影响的 ESG 议题（实质性 ESG 议题），而实质性 ESG 议题的界定受到行业特性与发展阶段的影响。因此，行业划分、行业的重要性议题选取与权重会显著影响 ESG 评分与同业排名。在设计研究思路时，为便于观察行业特性对 ESG 评级框架的影响，本报告通过样本公司研究代表行业来分析行业划分对重要性议题和权重的影响，对四家评级机构在一级、二级权重和指标设计上进行了横向与纵向对比研究（见图 2-1）。横向对比指对各家评级机构针对同一家样本公司（作为该一级行业的公司代表）的指标和权重设计特点比较，而纵向比较指评级机构内部对全部样本公司指标和权重设计特点的比较。

在二级指标设计的研究上，借鉴 McGlinch 和 Witold（2021）的研究思路，本报告认为公司 E&S 战略与管理体系、E&S 表现或绩效、负面事件等重要性议题选择和权重设置之间存在互相影响的传导机制（见图 2-2）。E&S 战略和管理体系建设会影响企业的 E&S 表现或绩效，例如通过负面事

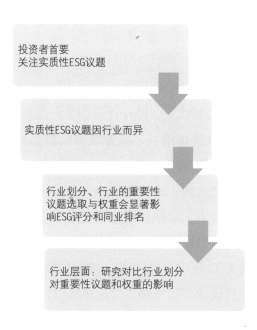

图2-1　研究思路

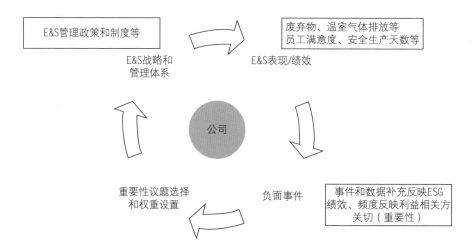

图2-2　公司 E&S 影响传导机制

件传导等方式，企业 E&S 表现或绩效与负面事件可以作为反馈结果影响企业的 E&S 战略和管理。

具体到 ESG 评级机构的选择上，本报告通过以下三个方面在 A 股市场认知度较高的 ESG 评级机构中进行筛选：首先，评级机构须采用"被动"评级方法。被动的评级方法指将公司自主披露和公开信息作为主要的底层数据，更能体现评级研究的客观性，符合研究需求，并且在市场上更为普遍。与之相对应，主动评级机构依靠公司填写的问卷来收集 ESG 数据，目前市场上采用较少，因而不便于进行机构之间的比较。其次，评级机构需要至少完整覆盖中国 A 股大市值公司样本，并愿意授权提供相关数据。最后，本报告研究期间，评级机构的评级框架需要较为稳定、没有重大的评级方法论变化。根据以上标准，本报告最终选择四家评级机构（排序不分先后）：万得、秩鼎、妙盈、路孚特。

公司的行业分类会影响评级机构的一级指标权重设置，以及二/三级指标重要性议题的选择，因此境外评级机构普遍直接使用 GICS 行业分类或在基于自有的行业方法评级后映射回到 GICS 行业分类，但国内评级机构则普遍使用自主定义的行业分类或复合的行业分类法。为了确定样本抽取所依据的行业分类，本报告选用了 A 股市场认可度较高的中信一级行业分类，并将不同评级公司的行业分类附后作为对比。确定行业分类后，本报告选用了截至 2022 年 6 月 30 日中信一级行业中自由流通市值最高的共计 30 家公司作为研究样本（见表 2 - 11）。

表 2 - 11 样本公司及不同评级机构对其行业分类

样本公司	中信一级行业分类	万得行业分类	妙盈行业分类及占比	秩鼎行业分类	路孚特行业分类
顺丰控股	交通运输	航空货运与物流Ⅲ	工业运输100%	运输	快递、邮政、空运及陆运物流
分众传媒	传媒	媒体Ⅲ	媒体及娱乐100%	媒体与娱乐	广告及营销

续表

样本公司	中信一级行业分类	万得行业分类	妙盈行业分类及占比	秩鼎行业分类	路孚特行业分类
牧原股份	农林牧渔	食品	农业及养殖100%	食品、饮料与烟草	渔业及农业
迈瑞医疗	医药	医疗保健设备与用品	医疗器械100%	医疗保健设备与服务	先进医疗设备与技术
永辉超市	商贸零售	食品与主要日用品零售Ⅲ	零售100%	食品与主要日用品零售	食品零售与分销
航发动力	国防军工	航空航天与国防Ⅲ	航空航天与国防100%	资本品	航天与国防
万华化学	基础化工	化工	化工100%	原材料	大宗化学品
美的集团	家电	家庭耐用消费品	家用电器100%	耐用消费品与服装	家用电器、工具及家庭用品
海螺水泥	建材	建材Ⅲ	建筑材料100%	原材料	建筑材料
中国建筑	建筑	建筑与工程Ⅲ	建筑与工程83%，房地产开发17%	资本品	建筑及工程
万科A	房地产	房地产管理和开发	房地产开发100%	房地产	房地产租赁、开发及营运
紫金矿业	有色金属	金属、非金属与采矿	贵金属及矿物71%，工业金属及矿物29%	原材料	黄金
三一重工	机械	机械	工业机械100%	资本品	重型机械及车辆
比亚迪	汽车	汽车	汽车58%，电子元件及设备42%	汽车与汽车零部件	汽车和卡车制造商
中国中免	消费者服务	酒店、餐馆与休闲Ⅲ	零售100%	零售业	机场运营商与服务
中国神华	煤炭	石油、天然气与供消费用燃料	煤炭79%，传统电力21%	能源	煤炭

续表

样本公司	中信一级行业分类	万得行业分类	妙盈行业分类及占比	秩鼎行业分类	路孚特行业分类
长江电力	电力及公用事业	电力Ⅲ	可再生电力100%	公用事业	电力公用事业
宁德时代	电力设备及新能源	电气设备	汽车零部件88%，电气设备12%	资本品	电气元件及设备
中芯国际	电子	半导体产品与半导体设备	半导体100%	半导体产品与设备	半导体
中国石油	石油石化	石油、天然气与供消费用燃料	油气精炼与销售72%，油气勘探与开采16%，综合石油天然气12%	能源	综合油气
华利集团	纺织服装	纺织品、服装与奢侈品	个人产品100%	耐用消费品与服装	鞋类
东方财富	计算机	资本市场	投资服务100%	综合金融	投资银行及经纪服务
欧派家居	轻工制造	家庭耐用消费品	家具87%，家用产品13%	耐用消费品与服装	建筑用品及装置
中国移动	通信	多元电信服务	通信服务91%，零售9%	电信业务	综合电信服务
宝钢股份	钢铁	金属、非金属与采矿	钢铁100%	原材料	钢铁
工商银行	银行	商业银行	银行100%	银行	银行
中国人寿	非银行金融	保险Ⅲ	保险100%	保险	人寿及健康保险
贵州茅台	食品饮料	饮料	酒精饮料100%	食品、饮料与烟草	蒸馏酒厂与葡萄酒厂
中粮资本	综合金融	资本市场	保险79%，投资服务21%	综合金融	人寿及健康保险
中国宝安	综合	综合类Ⅲ	化工57%，制药32%，房地产开发11%	资本品	特种化学品

75

2.2.3 研究方法

2.2.3.1 一级指标权重

在各家 ESG 评级机构的评级标准基本达成一致的理想情况下，假设不同个股之间指标权重的差异主要来自行业特征的差异，则不同评级机构对同一个股的 E、S、G 权重分歧不应大于跨行业 E、S、G 权重的分歧。本报告通过不同样本之间的标准差的比较结果来衡量权重分歧情况，并从绝对水平和相对水平定义"一级指标权重分歧或区分度较大"。一级权重的组内（跨评级机构）、组间（跨行业）标准差的计算公式如下：

E 权重的组内标准差$_i$

$$= \sqrt{\frac{\sum\limits_{j=1}^{m}(\text{样本}\,i\,\text{在机构}\,j\,\text{中的}\,E\,\text{权重} - \text{各机构对样本}\,i\,\text{的平均}\,E\,\text{权重})^2}{m-1}},$$

S 和 G 同理

E 权重的组间标准差$_j$

$$= \sqrt{\frac{\sum\limits_{i=1}^{n}(\text{样本}\,i\,\text{在机构}\,j\,\text{中的}\,E\,\text{权重} - \text{机构}\,j\,\text{所有样本个股的平均}\,E\,\text{权重})^2}{n-1}},$$

S 和 G 同理

式中，$i=1, 2, \cdots, 30$ 表示个股；$j=1, 2, 3, 4$ 表示万得、妙盈、秩鼎、路孚特四家评级机构。

在一级指标权重研究中，本报告将绝对分歧与相对分歧定义如下：如果某个股的一级指标（环境、社会、公司治理）权重中有一个或一个以上组内标准差大于10%，则说明评级机构对该个股一级权重的绝对分歧较大。在一级权重组内标准差与一级指标平均权重的标准差（组间标准差）的比较中，如果某个股的一级指标（环境、社会、公司治理）权重中有两个或两个以上的组内标准差大于个股平均权重的组间标准差，则说明相对分歧较大。从个股角度考察评级机构之间一级权重分歧的结果如表 2-12 所示。

表2-12　四家机构对不同个股的一级权重设计分歧

分类	个股数	比例	个股名称		
绝对分歧较小	28	93.33%	除航发动力、中国中免以外的个股		
相对分歧较小	12	40.00%	万科A 紫金矿业 宝钢股份 宁德时代	分众传媒 迈瑞医疗 海螺水泥 中国建筑	三一重工 比亚迪 中国神华 东方财富

通过比较各家评级机构的组间标准差后发现，四家评级机构对不同个股的一级指标权重设计的绝对区分度都比较小；相比较而言，区分度较大的评级机构为妙盈和路孚特。从具体设计来看，"环境"指标上，路孚特和万得在行业之间区分度较大；"社会"指标上，路孚特、万得和妙盈在行业之间区分都比较明显；"公司治理"指标上，妙盈在行业之间区分最明显（见表2-13）。

表2-13　各家评级机构对不同行业个股的一级指标权重区分度

指标	万得	妙盈	秩鼎	路孚特	平均权重
"环境"权重组间标准差	8.39%	11.44%	7.21%	9.62%	8.23%
"社会"指标权重组间标准差	7.61%	7.34%	2.18%	5.96%	4.44%
"公司治理"指标权重组间标准差	4.11%	9.64%	5.56%	5.98%	5.27%

2.2.3.2　二级E&S指标权重和设计

在各家评级机构的评级标准基本达成一致的理想情况下，假设不同评级机构对同一个股的二级指标权重分歧不大于该二级指标跨行业平均权重的分歧。由于G的指标和信息披露都相对标准化，且各家权重分歧较小，本报告在二级指标的研究上主要聚焦E和S维度。

为了对比各家评级机构的二级议题权重，本报告首先筛选了E&S议题中权重大于5%的重要性议题，然后将大于5%的重要性议题分别归入"E&S战略与管理""运营E&S表现"两个二级议题下，加总归入的重要议题权重进而获得各家评级机构关于以上两个二级议题的权重。

类似对一级权重的研究方法，本报告通过计算样本标准差来衡量二级指标权重分歧的情况，并从绝对水平和相对水平去定义"二级指标权重分歧或区分度较大"。计算公式如下

某二级指标的组内样本标准差$_i$

$$= \sqrt{\frac{\sum_{j=1}^{m}\left(\begin{array}{c}样本\,i\,在机构\,j\,中某二级指标权重\,-\\各机构对样本\,i\,的该二级指标平均权重\end{array}\right)^2}{m-1}}$$

某二级指标权重的组间标准差$_j$

$$= \sqrt{\frac{\sum_{i=1}^{n}\left(\begin{array}{c}样本\,i\,在机构\,j\,中某二级指标权重\,-\\机构\,j\,所有样本个股的该二级指标平均权重\end{array}\right)^2}{n-1}}$$

式中，$i=1$，2，$\cdots$，30 表示个股；$j=1$，2，3，4 表示万得、妙盈、秩鼎、路孚特四家评级机构。

在二级指标权重研究中，本报告将绝对分歧与相对分歧定义如下：如果有一个或一个以上二级指标（"E&S 战略与管理""运营 E&S 表现""E&S 战略与管理及运营 E&S 表现加总"）的权重组内标准差大于10%，则说明绝对分歧较大。类似地，如果有两个或两个以上二级指标（"E&S 战略与管理""运营 E&S 表现""E&S 战略与管理及运营 E&S 表现加总"）的权重组内标准差大于各家机构二级指标个股平均权重的组间标准差，则说明相对分歧较大。从个股角度考察评级机构之间二级E&S 权重和设计分歧的结果如表 2－14 所示。

表2－14　四家机构对不同个股的二级权重设计分歧

分类	个股数	比例	个股名称		
绝对分歧较小	6 只	20%	欧派家居 海螺水泥 三一重工	比亚迪 宁德时代 华利集团	
相对分歧较小	1 只	3.33%	欧派家居		

随后，本报告利用同一评级机构针对不同个股的二级指标权重的组间标准差来衡量评级机构内部的行业区分度。四家评级机构 E&S 相关二级指标权重设计的绝对区分度都比较小；相对区分度较大的有三家——妙盈、路孚特、万得。从具体设计来看，"E&S 战略与管理"二级指标上，妙盈和路孚特在行业之间区分度较大；"E&S 运营表现"指标上，路孚特、万得和妙盈在行业之间区分都比较明显；"战略与管理权、运营 E&S 表现"合计上，妙盈在行业之间区分最明显（见表2 –15）。

表2 –15　各家评级机构对不同行业个股的二级指标权重区分度

指标	万得	妙盈	秩鼎	路孚特	平均权重
"E&S 战略与管理"权重组间标准差	7.33%	9.48%	3.93%	9.17%	4.71%
"E&S 运营表现"权重组间标准差	8.91%	8.83%	2.12%	9.06%	4.87%
"E&S 战略与管理权、E&S 运营表现"合计的权重组间标准差	4.09%	15.34%	5.56%	8.37%	6.16%

2.2.4　结论与讨论

本节基于对选取的四家评级机构和行业代表进行公司评价指标权重研究，得到以下阶段性研究结论。

针对一级指标（环境、社会、公司治理），首先，从组内标准差看，不同评级机构针对同一个股及其代表行业的权重设计不存在绝对意义上的重大分歧，各评级机构绝对分歧较小（组内标准差小于10%）的样本个股占比为93.33%。其次，评级机构之间存在相对分歧，对于60%的个股及其代表行业来说，不同评级机构对同一个股及其代表行业一级指标的权重的分歧（组内标准差）大于不同评级机构针对不同个股及其代表行业的权重平均后的分歧（不同个股平均权重的组间标准差）。组内不同个股及其代表行业的权重相对区分度更大，表明评级机构内部对不同个股及其所代表行业的一级指标权重判断有更明确的观点，或者说对各行业 ESG 实质性议题的影响程度有更清晰的判断。最后，从同一评级机构内部的个股及其代表行业区分度来看，四家评级机构针对行业的权重设计不存在绝对意义上的区分度，相对意义上，评级机构内部不同行业间权重区分度较大的是妙盈和路孚特。

具体到二级E&S指标（"E&S战略与管理""E&S运营表现""E&S战略与管理及E&S运营表现加总"），各家机构对同一个股及其代表行业的指标和权重设计分歧，无论是绝对和相对意义上均明显扩大。绝对分歧较大的样本个股占到了80%，而几乎全部（96.67%）样本个股的相对分歧表现都较大。换言之，不同评级机构对同一个股及其代表行业的二级指标权重分歧（组内标准差）大于不同个股及其代表行业平均权重的分歧（不同个股平均权重的组间标准差）。从同一评级机构内部的个股及其代表行业区分度来看，四家评级机构在行业之间的E&S二级指标权重设计的绝对区分度都比较小，相对区分度较大的有三家——妙盈、路孚特、万得。

本报告待完善的事项包括以下两点，建议在未来研究中能进行补充与改善。

一是目前仅探讨了指标设计和权重，不讨论得分，对评级分歧的来源进行了初步探讨。未来可能需要从指标得分与权重之间的关系入手，研究评级机构是否因为各自数据的完整可得度、计量方法等差异导致一、二级指标权重不同，进而导致评级机构对ESG认知不同。

二是研究中使用了中信一级行业选取样本个股并借此研究其代表的一级行业指标设计和权重，这种方式可能无法完全反映评级机构方法论中更详细的行业划分。未来研究可以推广至更详细的二级行业和更多的样本个股，从而避免两类问题：其一，评级差异可能不仅仅来源于机构赋权，而是同一个股在不同机构分类体系下归属的不同细分行业；其二，考虑多元经营的企业无法使用单一的行业实质性指标体系进行评估，因此需要将更多的个股纳入研究样本。

2.3 ESG 评级实证研究

相较 2021 年，2022 年研究增加了润灵和秩鼎的 ESG 评级数据，共收集了 8 家境内外机构对国内上市公司的 ESG 评级数据。其中，来自境外的 ESG 评级包括富时罗素和路孚特，来自国内的 ESG 评级包括华证、妙盈、润灵、商道融绿、万得和秩鼎。本节通过对 ESG 评级、ESG 一级指标以及基金 ESG 评级与收益率和波动率开展回归分析，试图从实证角度研究 ESG 评价体系对投资的指引作用，主要有以下结论。

绝大多数 ESG 评级对下一年股价收益率和波动率有一定预测作用，但对经市场调整后的股价收益率的预测作用并不明显。针对股价收益率，5 家机构的 ESG 评级（路福特、秩鼎、商道融绿、万得和华证）与下一期的股价收益率显著正相关，1 家机构的 ESG 评级（润灵）与下一期的股价收益率显著负相关；而 ESG 评级对于经市场调整的股价收益率的预测作用并不明显，仅有润灵 1 家的 ESG 评级与下一期经市场调整的股价收益率的回归结果显著为正；1 家机构（秩鼎）与下一期经市场调整的股价收益率的回归结果显著为负。针对股价波动率，部分评级机构数据显示，在一定程度上，上市公司的 ESG 评级越高，股价波动率越小。具体来看，4 家机构（秩鼎、华证、妙盈和万得）的 ESG 评级与下一期股价波动率显著负相关，其余机构的 ESG 评级对下一期股价波动率的解释都不显著。

部分机构的 ESG 评级变动（当期 ESG 评级减去上一期 ESG 评级）与下一期股价收益率成正相关，与下一期股价波动率成负相关。具体来看，3 家（秩鼎、妙盈、万得）ESG 评级变动与下一期股价收益率的回归结果显著正相关，2 家（润灵、商道融绿）为显著负相关；而针对经市场调整的股价收益率，2 家（万得、润灵）的 ESG 评级变动的回归结果显著正相关。进一步尝试采用 ESG 评级变动预测股价波动率时，3 家

（秩鼎、妙盈、万得）的ESG评级变动与下一期股价波动率的回归结果在1%的置信水平下负相关，其余5家的ESG评级变动与下一期股价波动率的回归结果并不显著。

ESG一级指标对股价收益率预测作用存在分化，大多与股价波动率成显著负相关。对于股价收益率，环境维度有4家（路孚特、润灵、秩鼎、万得）、社会维度有4家（路孚特、润灵、秩鼎、万得）、公司治理维度有4家（路孚特、润灵、华证、万得）的指标与下一期股价收益率显著正相关；此外，环境维度有2家（商道融绿、华证）、社会维度有2家（商道融绿、华证）、公司治理维度有1家（商道融绿）与下一期股价收益率显著负相关。对于经过市场调整的股价收益率，环境维度有2家（华证、润灵）、社会维度有0家、公司治理维度有2家（华证、润灵）的指标与下一期经市场调整的股价收益率显著正相关；此外，环境维度有3家（秩鼎、商道融绿、万得）、社会维度有3家（秩鼎、华证、万得）、公司治理维度有2家（秩鼎、万得）与下一期经市场调整的股价收益率显著负相关。针对股价波动率，环境维度有4家（润灵、秩鼎、商道融绿和华证）、社会维度有3家（润灵、秩鼎和华证）、公司治理维度有4家（润灵、秩鼎、商道融绿和华证）的指标与下一期的股价波动率显著负相关；此外，环境维度有0家、社会维度有1家（万得）、公司治理维度有1家（万得）与下一期的股价波动率显著正相关。

从基金ESG评级看，基金ESG评级对下一期基金收益率和波动率预测能力较弱。通过基金ESG评级对下一年基金收益率和波动率预测的实证研究发现，3家机构（润灵、华证和妙盈）的ESG基金评级与基金产品的下一期基金收益率显著正相关，3家机构（路孚特、富时罗素和万得）显著负相关；2家（路孚特、富时罗素）的ESG基金评级与基金产品的下一期波动率显著负相关，5家（润灵、秩鼎、商道融绿、华证和妙盈）显著正相关。

2.3.1　公司的 ESG 评级相关性及实证分析

2.3.1.1　公司层面 ESG 评级概览及相关性

相较 2021 年，2022 年的研究增加了润灵和秩鼎的 ESG 评级数据，共收集了 8 家境内外机构对国内上市公司的 ESG 评级数据。其中，来自境外的 ESG 评级包括富时罗素和路孚特，来自国内的 ESG 评级包括华证、妙盈、润灵、商道融绿、万得和秩鼎。与 2021 年一样，部分评级机构并没有给公司打分，而是分为比如 C - AAA 级的不同评分层级。为便于后续计算，本报告将评级进行赋值处理，根据层级不同，从高到低赋值。例如，AAA 级对应 9 分，C 级对应 1 分。国内上市公司各机构 ESG 评级的描述性统计如表 2 - 16 所示。

表 2 - 16　上市公司层面各机构 ESG 评级情况

评级机构	覆盖数（家）	均值	标准差	最小值	中间值	最大值
富时罗素	817	1.332	0.557	0.300	1.200	3.800
路孚特	570	0.358	0.253	0.025	0.283	0.938
华证	4 525	4.109	1.245	1.000	4.000	7.000
妙盈	4 256	0.364	0.105	0.154	0.337	0.847
润灵	552	28.337	11.634	7.083	26.569	70.000
商道融绿	1 066	4.537	1.032	2.000	4.000	8.000
万得	4 679	6.043	0.850	2.660	6.000	9.040
秩鼎	4 260	55.921	7.351	33.680	55.235	87.760

基于各家机构发布的 2021 年 ESG 评级数据，本报告对 8 家不同境内外机构的 ESG 评级进行相关性分析（见表 2 - 17）。机构之间评级相关性均处于 0.084 至 0.674 之间，其中，华证和富时罗素之间的相关性最低，仅为 0.084；妙盈和万得之间的相关性最高，达 0.674。相比较而言，华证与其他评级相关性较低，与任意一家评级公司的数据相关性均处于 0.4 以下；秩鼎与富时罗素、润灵的相关性也处于 0.4 以下。ESG

评级的各异性在学术文献中一直备受关注。Gibson Brandon 等（2021）使用路孚特、晨星、Inrate、彭博、富时罗素、MSCI 和 MSCI IVA 的 ESG 评级数据研究发现 7 家评级机构的 ESG 评级之间的平均成对相关性约为 0.45。Chatterji 等（2016）研究了 6 家三方机构的企业社会责任（CSR）评级的差异性，结果发现 ESG 评级的差异主要来自两个方面：缺乏共同的理论和可比性。其中，缺乏共同的理论是指评估机构未就企业社会责任的共同定义达成一致的想法；缺乏可比性是不同的评级机构在量化相同指标时度量方式不同。Berg 等（2020）对 ESG 评级分歧的来源进行分解，通过将 6 个供应商的 ESG 评级细分，确定了 ESG 评级分歧的 3 个来源。首先，评级者使用不同的底层指标，他们称为"范围分歧"；其次，ESG 评估者对相同类别的衡量是不同的，他们称为"衡量分歧"；最后，他们强调了"权重分歧"，这是由于评估者在生成综合 ESG 评级时，对不同类别赋予了不同的权重。研究发现，大部分的差异可以追溯到范围和衡量的分歧，而权重分歧似乎只起了很小的作用。

表 2-17　2021 年上市公司层面各机构 ESG 评级的相关性统计

评级	富时罗素	路孚特	华证	妙盈	润灵	商道融绿	万得	秩鼎
富时罗素	1.000							
路孚特	0.502	1.000						
华证	0.084	0.272	1.000					
妙盈	0.589	0.613	0.261	1.000				
润灵	0.579	0.575	0.219	0.532	1.000			
商道融绿	0.518	0.575	0.321	0.674	0.551	1.000		
万得	0.490	0.535	0.256	0.674	0.517	0.614	1.000	
秩鼎	0.359	0.505	0.377	0.562	0.361	0.566	0.478	1.000

2.3.1.2　公司层面 ESG 评级与收益率的实证分析

本节尝试研究不同上市公司的 ESG 评级、ESG 评级的变动对下一期的股价收益率的预测作用。由于该研究需要多年份 ESG 评级数据进行回归，本报告分别采用可得的富时罗素（样本区间 2018—2021 年）、路孚特（样本区间 2018—2021 年）、华证（样本区间 2009—2021 年）、妙盈（样本区间 2017—2021 年）、润灵（样本区间 2010—2021 年）、商道融绿（样本区间 2015—2021 年）、万得（样本区间 2017—2022 年）和秩鼎（样本区间 2019—2021 年）8 家 ESG 评级作为解释变量，将 2008—2021 年 A 股上市公司股价收益率和波动率作为被解释变量，并按照以下条件对样本进行处理：（1）剔除净资产为负的观测值；（2）剔除金融行业的观测值；（3）剔除回归中涉及的所有变量缺失的观测值。为了控制极端值对实证检验结果的影响，本报告对回归中涉及的所有连续变量都在上下 1% 分位数上进行缩尾处理，回归所使用的财务数据均来自国泰安、万得和沃顿。

为了观察上市公司的 ESG 评级是否会预测下一期的股价收益率，本报告采用以下回归模型进行研究

$$股价回报率_{i,t+1} = \alpha 1 + \beta 1\, ESG\, 评级_{i,t} + \gamma 1 \sum 控制变量_{i,t}$$
$$+ 行业和月份固定效应 + \varepsilon_{i,t+1} \qquad （1）$$

$$股价回报率_{i,t+1} = \alpha 2 + \beta 2\, ESG\, 评级变动_{i,t} + \gamma 2 \sum 控制变量_{i,t}$$
$$+ 行业和月份固定效应 + \varepsilon_{i,t+1} \qquad （2）$$

在上述模型中，股价回报率$_{i,t+1}$指个股的月度收益率，ESG 评级$_{i,t}$ 是上市公司的 ESG 评级，ESG 评级变动$_{i,t}$ 表示当期 ESG 评级减上一期 ESG 评级。本报告重点关注的 $\beta 1$ 和 $\beta 2$ 系数，指上市公司 ESG 评级或评级变动对下一期股价收益率的边际影响。控制变量指一系列可能影响上市公司股价收益率的企业层面特征，包含企业规模、杠杆率、资产收益率、账面市值比、企业价值、现金持有、两职合一、第一大股东持股比例。此外，本报告还控制了公司的行业固定效应和月度固定效应，具体的变量定义见表 2 – 18。

表 2 – 18　公司回归模型变量定义

变量名称	定义
股价收益率	月度收益率
经市场调整的收益率	个股月度股票收益率减去 A 股综合市场考虑现金红利再投资的综合市场年回报率（按等权平均法计算）
股价波动率	公司过去月度股价收益率的标准差除以股价均值
ESG 评级	路孚特、富时罗素、商道融绿、华证、润灵、妙盈、秩鼎和万得的 ESG 评分
ESG 评级变动	路孚特、富时罗素、商道融绿、华证、润灵、妙盈、秩鼎和万得的当期 ESG 评级减上一期 ESG 评级，即 ESG (t) －ESG (t-1)
E 环境评级	路孚特、润灵、秩鼎、商道融绿、华证和万得的环境指标
S 社会评级	路孚特、润灵、秩鼎、商道融绿、华证和万得的社会指标
G 公司治理评级	路孚特、润灵、秩鼎、商道融绿、华证和万得的公司治理指标
企业规模	企业期末资产总值的自然对数
杠杆率	资产负债表中总资产与权益资本的比率
资产收益率	企业净利润与总资产的比值
账面市值比	股东权益/公司市值
企业价值	权益的市场价值与总负债的账面价值之和除以总资产账面价值
现金持有	（货币资金＋短期投资）/总资产
两职合一	CEO 同时担任董事长取值 1，否则取值 0
第一大股东持股比例	第一大股东持股数占总股数

回归结果显示（见表 2 – 19 – A），大部分机构的 ESG 评级能预测下一期的股价收益率。具体来看，路孚特、秩鼎、商道融绿、华证和万得的 ESG 评级与下一期股价收益率的回归结果分别在 1% 的显著性水平上为正相关，而润灵的 ESG 评级结果与下一期股价收益率的回归结果在 1% 的显著性水平上为负相关，富时罗素和妙盈的回归结果并不显著。Ferriani 和 Natoli（2021）发现，在新冠疫情期间，ESG 评级较高的公司表现更好，他们的研究得出疫情期间投资者强烈偏好低 ESG 风险的基金。

本报告进一步采用 ESG 评级变动来预测下一期股价收益率，结果显示（见表 2 – 19 – B），仅有秩鼎和万得的 ESG 评级变动的回归结果在

1%的显著性水平上为正相关，妙盈的 ESG 评级变动的回归结果在10%的显著性水平上为正相关；同时，润灵和商道融绿的 ESG 评级变动与下一期股价收益率在1%的显著性水平上为负相关；其余3家（路孚特、富时罗素、华证）的 ESG 评级变动与下一期股价收益率的回归结果并不显著。Shanaev 和 Ghimire（2022）采用 MSCI 的评级，以美国上市公司为样本作实证分析，研究结果显示，ESG 评级下调，股票的回报率显著为负；反之，ESG 评级上升并没有带来股价回报率的上升。

表 2 – 19　ESG 评级与股价收益率

被解释变量	股价收益率							
表 A	固定效应模型：ESG 评级与股价收益率							
解释变量	路孚特	富时罗素	润灵	秩鼎	商道融绿	华证	妙盈	万得
企业 ESG 评级	1.301 ***	0.174	−1.142 ***	1.459 ***	0.030 ***	0.145 ***	−0.013	0.030 ***
	(4.17)	(1.26)	(−5.19)	(4.71)	(12.57)	(2.59)	(−0.35)	(5.93)
企业规模	0.389 ***	0.632 ***	0.700 ***	0.704 ***	0.274 ***	0.546 ***	0.893 ***	0.648 ***
	(4.11)	(6.87)	(26.79)	(23.40)	(7.04)	(7.86)	(27.91)	(16.63)
资产负债率	2.250 ***	0.689	0.902 ***	0.503 ***	1.634 ***	1.903 ***	0.375 **	0.443 **
	(3.94)	(1.36)	(5.94)	(3.04)	(5.42)	(4.15)	(2.09)	(2.14)
资产收益率	10.701 ***	8.285 ***	8.241 ***	6.563 ***	7.868 ***	11.245 ***	6.809 ***	6.592 ***
	(5.05)	(4.13)	(14.37)	(11.98)	(6.53)	(6.62)	(11.84)	(9.28)
账面市值比	−3.933 ***	−4.415 ***	−6.415 ***	−3.853 ***	−4.114 ***	−4.070 ***	−4.365 ***	−4.244 ***
	(−7.95)	(−9.70)	(−31.99)	(−17.89)	(−13.29)	(−10.56)	(−19.12)	(−16.28)
企业价值	0.327 ***	0.324 ***	0.243 ***	0.369 ***	0.372 ***	0.275 ***	0.374 ***	0.351 ***
	(4.86)	(5.00)	(6.30)	(7.76)	(6.45)	(4.25)	(7.70)	(7.26)
现金持有	−3.261 *	−5.725 ***	−6.346 ***	−1.853 ***	−4.898 ***	−3.257 **	−1.973 ***	−3.528 ***
	(−1.80)	(−3.01)	(−11.36)	(−2.97)	(−4.27)	(−2.07)	(−2.87)	(−4.29)
两职合一	−0.005	−0.001	−0.002	−0.001	0.004	−0.003	−0.003	−0.005
	(−0.68)	(−0.13)	(−0.61)	(−0.48)	(0.92)	(−0.36)	(−0.83)	(−1.37)
第一大股东持股比例	−0.014 ***	−0.009 **	−0.005 ***	−0.007 ***	−0.009 ***	−0.004	−0.009 ***	−0.008 ***
	(−3.34)	(−2.25)	(−3.58)	(−4.59)	(−3.64)	(−1.15)	(−5.06)	(−3.81)
月份固定效应	控制	控制	控制	控制	控制	控制	控制	控制

续表

被解释变量	股价收益率							
表A	固定效应模型：ESG评级与股价收益率							
解释变量	路孚特	富时罗素	润灵	秩鼎	商道融绿	华证	妙盈	万得
行业固定效应	控制	控制	控制	控制	控制	控制	控制	控制
Adj.R^2	0.056	0.083	0.045	0.076	0.042	0.051	0.071	0.080
样本量	20 167	19 557	262 825	135 336	68 654	29 289	114 467	87 919
表B	固定效应模型：ESG评级变动与股价收益率							
解释变量	路孚特	富时罗素	润灵	秩鼎	商道融绿	华证	妙盈	万得
ESG评级变动	−0.097	0.575	−4.344 ***	9.613 ***	−0.052 ***	0.558	0.493 *	0.237 ***
	(−0.04)	(0.54)	(−3.54)	(4.42)	(−2.81)	(1.21)	(1.65)	(6.27)
控制变量	控制	控制	控制	控制	控制	控制	控制	控制
Adj.R^2	0.058	0.086	0.045	0.066	0.041	0.052	0.071	0.081
样本量	19 614	18 872	25 6445	131 444	66 780	28 160	110 988	84 613

注：所有变量的定义如表2-18所示，样本量代表观测值数量，Adj.R^2为调整后的R平方。括号中报告按照公司和年度层面聚集效应调整的T-统计量。*、** 和 *** 分别表示在10%、5%和1%的水平上显著。

本报告进一步探索各家ESG机构评级结果能否预测下一期的经过市场调整的股价收益率，采用如下模型

$$\text{经市场调整的股价回报率}_{i,t+1} = \alpha 1 + \beta 1\,ESG\,\text{评级}_{i,t} + \gamma 1 \sum \text{控制变量}_{i,t}$$
$$+ \text{行业和月份固定效应} + \varepsilon_{i,t+1} \quad\quad (3)$$

$$\text{经市场调整的股价回报率}_{i,t+1} = \alpha 2 + \beta 2\,ESG\,\text{评级变动}_{i,t} + \gamma 2 \sum \text{控制变量}_{i,t}$$
$$+ \text{行业和月份固定效应} + \varepsilon_{i,t+1} \quad\quad (4)$$

在上述模型中，经市场调整的股价回报率$_{i,t+1}$指个股月度收益率减去A股综合市场考虑现金红利再投资的综合市场年回报率（按等权平均法计算）的股价收益率，ESG评级$_{i,t}$是上市公司的ESG评级，ESG评级变动$_{i,t}$表示当期ESG评级减去上一期ESG评级。

从结果看（见表2-20-A），大部分机构的ESG评级不能预测下一期的经过市场调整的股价收益率。仅润灵的ESG评级与经过市场调整的

股价收益率的回归结果在1%的显著性水平上为正相关，而秩鼎的ESG评级结果与经过市场调整的股价收益率的回归结果在1%的显著性水平上为负相关，其他评级回归结果并不显著。Yen等（2019）对亚洲股市进行了类似的分析，基于ASSET4 ESG评级，发现"社会责任投资"（SRI）投资组合仅在日本表现更好，而在新兴亚洲股市中，它们并没有获得超额回报。

本报告进一步采用ESG评级变动来预测下一期经过市场调整的股价收益率，根据表2-20-B，润灵和万得的ESG评级变动与下一期经过市场调整的股价收益率的回归结果分别在10%和1%的显著性水平上为正相关，其余的6家ESG评级变动与下一期经过市场调整的股价收益率的回归结果并不显著。

表2-20　ESG评级与经市场调整的股价收益率

被解释变量	经市场调整的股价收益率							
表A	固定效应模型：ESG评级与经市场调整的收益率							
解释变量	路孚特	富时罗素	润灵	秩鼎	商道融绿	华证	妙盈	万得
企业ESG评级	0.083	0.759	0.045 ***	−0.000 ***	0	1.385	−3.376	−0.174
	−0.28	−0.62	−2.87	（−3.65）	−1.54	−0.27	（−1.04）	（−0.39）
企业规模	0.004 ***	0.004 ***	0.002 ***	0.006 ***	0.001 ***	0.005 ***	0.007 ***	0.005 ***
	−4.29	−5.26	−10.8	−23.1	−3.3	−7.14	−25.75	−16
资产收益率	0.026 ***	0.015 ***	0.012 ***	0.004 ***	0.017 ***	0.021 ***	0.004 **	0.003 *
	−4.87	−3.34	−10.92	−2.87	−7.6	−5.04	−2.32	−1.78
账面市值比	0.126 ***	0.105 ***	0.093 ***	0.071 ***	0.097 ***	0.117 ***	0.072 ***	0.069 ***
	−7.01	−6.4	−23.27	−16.41	−10.15	−7.75	−15.97	−12.95
企业价值	−0.039 ***	−0.040 ***	−0.028 ***	−0.029 ***	−0.027 ***	−0.036 ***	−0.032 ***	−0.031 ***
	（−9.47）	（−10.84）	（−19.67）	（−15.95）	（−11.57）	（−10.44）	（−16.70）	（−14.38）
现金持有	0.002 ***	0.002 ***	0.002 ***	0.003 ***	0.002 ***	0.002 ***	0.003 ***	0.003 ***
	−3.48	−2.99	−6.44	−6.41	−3.27	−3.58	−6.49	−6.37
两职合一	−0.018	−0.030 **	−0.016 ***	−0.001	−0.007	−0.013	0	−0.010 *
	（−1.19）	（−2.07）	（−4.21）	（−0.27）	（−0.99）	（−0.98）	−0.03	（−1.67）

续表

被解释变量	经市场调整的股价收益率							
表A	固定效应模型：ESG评级与经市场调整的收益率							
解释变量	路孚特	富时罗素	润灵	秩鼎	商道融绿	华证	妙盈	万得
第一大股东持股比例	−0.000	−0.000	−0.000	−0.000	−0.000	−0.000	−0.000	−0.000
	（−0.91）	（−0.12）	−0.05	（−0.49）	（−0.06）	（−0.43）	（−0.76）	（−1.40）
月份固定效应	控制	控制	控制	控制	控制	控制	控制	控制
行业固定效应	控制	控制	控制	控制	控制	控制	控制	
Adj.R^2	0.329	0.302	0.412	0.324	0.42	0.292	0.28	0.299
样本量	20 191	19 557	64 949	64 863	68 654	29 289	112 254	87 919
表B	固定效应模型：ESG评级变动与经市场调整的收益率							
解释变量	路孚特	富时罗素	润灵	秩鼎	商道融绿	华证	妙盈	万得
ESG评级变动	0.831	8.921	0.174 *	0	0	29.187	43.527	18.308 ***
	−0.4	−0.82	−1.92	（−0.24）	−0.83	−0.67	−1.45	−4.67
控制变量	控制	控制	控制	控制	控制	控制	控制	控制
Adj.R^2	0.328	0.313	0.418	0.287	0.426	0.297	0.285	0.306
样本量	84 613	18 872	256 445	131 444	66 780	28 160	110 988	84 613

注：所有变量的定义如表2−18所示，样本量代表观测值数量，Adj.R^2为调整后的R平方。括号中报告按照公司和年度层面聚集效应调整的T−统计量。*、** 和 *** 分别表示在10%、5%和1%的水平上显著。

2.3.1.3　公司层面ESG评级与波动率的实证分析

股价波动率，也是投资分析中度量风险的重要指标。本报告进一步探究ESG评级，以及ESG评级变动与下一期股价波动率之间的关系，将上述模型中的股价收益率更换为股价波动率，按照以下模型，用以上8家ESG评级进行分析，回归结果如表2−21−A中所示。

$$股价波动率_{i,t+1} = \alpha1 + \beta1\,ESG评级_{i,t} + \gamma1\sum 控制变量_{i,t}$$
$$+ 行业和月份固定效应 + \varepsilon_{i,t+1} \qquad （5）$$

$$股价波动率率_{i,t+1} = \alpha2 + \beta2 \, ESG \, 评级变动_{i,t} + \gamma2 \sum 控制变量_{i,t}$$
$$+ 行业和月份固定效应 + \varepsilon_{i,t+1} \qquad (6)$$

在上述模型中,股价波动率$_{i,t+1}$指个股过去月度的股价收益率的标准差除以股价均值,ESG 评级$_{i,t}$是上市公司的 ESG 评级,ESG 评级变动$_{i,t}$表示当期 ESG 评级减去上一期 ESG 评级。

整体而言,在一定程度上,上市公司的 ESG 评级越高,股价波动率越小。具体来看(见表 2 – 21 – A),秩鼎、华证、妙盈和万得的 ESG 评级与股价波动率都在 1% 的显著性水平上负相关,其余机构的 ESG 评级对股价波动率的解释都不显著。这与 Eccles、Loannou 和 Serafeim(2014)等研究的结论较为一致,也就是具有良好 ESG 状况的公司不易受到系统性风险冲击的影响。

本报告进一步尝试采用 ESG 评级变动预测股价波动率,根据表 2 – 21 – B,秩鼎、妙盈和万得的 ESG 评级变动与下一期股价波动率的回归结果在 1% 的显著性水平上负相关,其余 5 家的 ESG 评级变动与下一期股价波动率的回归结果并不显著。

表 2 –21　ESG 评级与股价波动率

被解释变量	股价波动率							
表 A	固定效应模型：ESG 评级与股价波动率							
解释变量	路孚特	富时罗素	润灵	秩鼎	商道融绿	华证	妙盈	万得
ESG 评级	−0.386	0.048	0.074	−0.101 ***	0.004	−0.363 ***	−7.186 ***	−0.452 ***
	(−0.43)	(0.13)	(0.08)	(−7.51)	(0.02)	(−6.80)	(−6.92)	(−4.04)
企业规模	−0.941 ***	−0.990 ***	−1.013 ***	−0.537 ***	−1.204 ***	−1.077 ***	−0.978 ***	−1.073 ***
	(−3.92)	(−5.37)	(−8.46)	(−5.55)	(−7.54)	(−15.22)	(−12.00)	(−12.37)
资产负债率	10.213 ***	7.370 ***	6.538 ***	4.648 ***	7.321 ***	4.244 ***	5.264 ***	5.434 ***
	(6.79)	(6.07)	(9.40)	(8.08)	(6.61)	(10.51)	(10.59)	(9.87)
资产收益率	2.350	−10.888 ***	−7.901 ***	−5.150 ***	−2.345	−2.848 ***	−2.370 *	−1.716
	(0.48)	(−2.85)	(−3.52)	(−3.39)	(−0.65)	(−2.92)	(−1.92)	(−1.33)

续表

被解释变量	股价波动率							
表A	固定效应模型：ESG评级与股价波动率							
解释变量	路孚特	富时罗素	润灵	秩鼎	商道融绿	华证	妙盈	万得
账面市值比	−10.780 ***	−10.503 ***	−9.743 ***	−10.167 ***	−8.164 ***	−7.796 ***	−8.948 ***	−8.693 ***
	（−9.86）	（−10.62）	（−13.42）	（−17.42）	（−9.73）	（−22.97）	（−18.20）	（−15.54）
企业价值	−0.283 **	−0.296 **	−0.280 **	−0.171 *	−0.212 **	−0.084 ***	−0.210 ***	−0.068
	（−2.10）	（−2.17）	（−2.12）	（−1.71）	（−2.42）	（−3.55）	（−2.67）	（−0.69）
现金持有	1.016	3.519	−2.437	−3.887 **	5.090 *	−3.475 ***	−0.874	−2.108
	（0.28）	（1.18）	（−1.31）	（−2.43）	（1.66）	（−3.49）	（−0.64）	（−1.37）
两职合一	0.013	0.011	−0.002	−0.004	−0.000	−0.013 *	−0.008	−0.011
	（0.58）	（0.57）	（−0.18）	（−0.37）	（−0.01）	（−1.81）	（−0.83）	（−1.03）
第一大股东持股比例	−0.023 **	−0.025 **	−0.019 ***	−0.013 **	−0.030 ***	−0.005	−0.013 **	−0.010 *
	（−2.09）	（−2.22）	（−3.16）	（−2.25）	（−2.94）	（−1.24）	（−2.40）	（−1.71）
月份固定效应	控制	控制	控制	控制	控制	控制	控制	控制
行业固定效应	控制	控制	控制	控制	控制	控制	控制	控制
Adj.R^2	0.506	0.436	0.591	0.309	0.498	0.327	0.344	0.245
样本量	13 643	11 288	49 779	63 890	17 658	197 102	99 981	85 440
表B	固定效应模型：ESG评级变动与股价波动率							
解释变量	路孚特	富时罗素	润灵	秩鼎	商道融绿	华证	妙盈	万得
ESG评级变动	0.205	−0.793	0.908	−0.055 ***	0.151	−0.066	−6.107 ***	−0.379 ***
	（0.19）	（−0.93）	（0.85）	（−3.72）	（0.73）	（−1.26）	（−5.85）	（−3.05）
控制变量	控制	控制	控制	控制	控制	控制	控制	控制
Adj.R^2	0.564	0.454	0.611	0.314	0.504	0.305	0.360	0.242
样本量	8 559	4 688	36 664	47 067	10 636	150 437	74 713	64 598

注：所有变量的定义如表2−18所示，样本量代表观测值数量，Adj.R^2为调整后的R平方。括号中报告按照公司和年度层面聚集效应调整的T−统计量。*、**和***分别表示在10%、5%和1%的水平上显著。

2.3.1.4 公司层面ESG一级指标与收益率的实证分析

本报告进一步采用各家评级机构的一级指标环境、社会和公司治理来对股价收益率作回归分析。根据数据的可得性，本报告运用6家评级机构的数据（路孚特、润灵、秩鼎、商道融绿、华证和万得的环境E、社会 S 和公司治理 G 的一级指标）作为被解释变量，采用模型（7）－（9）的回归方程，试图探讨一级指标是否能预测下一期的股价收益率。

$$股价回报率_{i,t+1} = \alpha 1 + \beta 1 \, 环境评级_{i,t} + \gamma 1 \sum 控制变量_{i,t}$$
$$+ \, 行业和月份固定效应 + \varepsilon_{i,t+1} \qquad (7)$$

$$股价回报率_{i,t+1} = \alpha 2 + \beta 2 \, 社会评级_{i,t} + \gamma 2 \sum 控制变量_{i,t}$$
$$+ \, 行业和月份固定效应 + \varepsilon_{i,t+1} \qquad (8)$$

$$股价回报率_{i,t+1} = \alpha 3 + \beta 3 \, 公司治理评级_{i,t} + \gamma 3 \sum 控制变量_{i,t}$$
$$+ \, 行业和月份固定效应 + \varepsilon_{i,t+1} \qquad (9)$$

在上述模型中，股价回报率$_{i,t+1}$指上市公司的月度股价收益率，环境评级$_{i,t}$、社会评级$_{i,t}$、公司治理评级$_{i,t}$分别是上市公司的 E、S、G 单项评分。

Chang 等（2020）通过构建的 ESG 指标体系研究发现 E 环境变量在短期内可以预测股价收益率，而社会 S 和治理 G 变量可以在长期内预测股价收益率。根据上述模型对 6 家评级机构一级指标的研究发现：

从 E 评级来看（见表 2 - 22 - A），路孚特、润灵的 E 评级与下一期股价收益率的回归结果在 5% 的显著性水平上为正相关，秩鼎和万得的回归结果在 1% 的显著性水平上为正相关，而商道融绿和华证的 E 评级与股价收益率的回归结果在 1% 的显著性水平上为负相关。

从 S 评级来看（见表 2 - 22 - B），秩鼎和万得的 S 评级与下一期股价收益率的回归结果分别在 10% 的显著性水平上正相关，路孚特和润灵的回归结果在 1% 的显著性水平上为正相关，商道融绿和华证的 S 评级与下一期股价收益率的回归结果在 1% 的显著性水平上为负相关。

从 G 评级来看（见表 2 - 22 - C），华证的 G 评级与下一期股价收益率的回归结果在 10% 的显著性水平上为正相关，路孚特、润灵、万得与股价收益率的回归结果在 1% 的显著性水平上为正相关，而商道融绿的 G 评级与下一期股价收益率在 5% 的显著性水平上为负相关。

表 2 -22　ESG 一级指标与股价收益率

被解释变量	股价收益率					
表 A	固定效应模型：E 评级与股价收益率					
	路孚特	润灵	秩鼎	商道融绿	华证	万得
E 环境评级	6.625 **	5.565 **	1.916 ***	−3.469 ***	−1.372 ***	3.337 ***
	(2.13)	(2.05)	(5.94)	(−5.34)	(−7.54)	(9.57)
企业规模	0.481 ***	0.806 ***	0.732 ***	0.621 ***	0.700 ***	0.733 ***
	(5.52)	(24.98)	(19.98)	(14.59)	(26.95)	(21.15)
资产负债率	2.095 ***	0.454 **	0.377 *	0.434 *	0.981 ***	0.395 *
	(3.68)	(2.55)	(1.82)	(1.71)	(6.48)	(1.92)
资产收益率	10.803 ***	6.724 ***	6.760 ***	5.959 ***	8.230 ***	6.880 ***
	(5.12)	(11.68)	(9.54)	(7.34)	(14.39)	(9.64)
账面市值比	−4.020 ***	−4.173 ***	−4.329 ***	−3.622 ***	−6.410 ***	−4.242 ***
	(−8.19)	(−18.36)	(−16.52)	(−13.00)	(−32.00)	(−16.33)
企业价值	0.329 ***	0.383 ***	0.346 ***	0.267 ***	0.245 ***	0.344 ***
	(4.83)	(7.95)	(7.12)	(5.27)	(6.34)	(7.15)
现金持有	−3.195 *	−1.879 ***	−3.639 ***	−0.554	−6.362 ***	−3.544 ***
	(−1.75)	(−2.74)	(−4.41)	(−0.64)	(−11.40)	(−4.30)
两职合一	−0.004	−0.003	−0.006	−0.006	−0.002	−0.005
	(−0.49)	(−0.90)	(−1.44)	(−1.26)	(−0.64)	(−1.38)
第一大股东持股比例	−0.014 ***	−0.009 ***	−0.007 ***	−0.009 ***	−0.006 ***	−0.007 ***
	(−3.18)	(−5.00)	(−3.43)	(−3.43)	(−4.19)	(−3.49)
月份固定效应	控制	控制	控制	控制	控制	控制
行业固定效应	控制	控制	控制	控制	控制	控制
Adj.R^2	0.056	0.071	0.080	0.118	0.045	0.080
样本量	20 155	114 537	87 919	56 371	263 052	87 280
表 B	固定效应模型：S 评级与股价收益率					
解释变量	路孚特	润灵	秩鼎	商道融绿	华证	万得
S 社会评级	1.206 ***	0.176 ***	0.539 *	−2.687 ***	−1.659 ***	0.033 *
	(3.28)	(6.97)	(1.68)	(−3.13)	(−7.54)	(1.95)
控制变量	控制	控制	控制	控制	控制	控制
Adj.R^2	0.056	0.071	0.08	0.118	0.045	0.08
样本量	16 998	124 545	93 358	61 943	224 877	86 918

续表

被解释变量	股价收益率					
表 C	固定效应模型：G 评级与股价收益率					
解释变量	路孚特	润灵	秩鼎	商道融绿	华证	万得
G 公司治理评级	1.240 ***	9.500 ***	0.713	−1.583 **	0.646 *	0.334 ***
	(3.34)	(2.89)	(1.39)	(−2.44)	(1.96)	(9.57)
控制变量	控制	控制	控制	控制	控制	控制
Adj.R^2	0.056	0.071	0.080	0.118	0.045	0.081
样本量	20 155	115 005	87 919	56 383	263 052	87 280

注：所有变量的定义如表 2−18 所示，样本量代表观测值数量，Adj.R^2 为调整后的 R 平方。括号中报告按照公司和年度层面聚集效应调整的 T−统计量。*、** 和 *** 分别表示在 10%、5% 和 1% 的水平上显著。

进一步地，本报告采用各家评级机构的一级指标 E、S 和 G 与下一期经市场调整的股价收益率作回归分析，采用模型（10）–（12）的回归方程，试图探讨 ESG 二级指标是否能预测下一期经市场调整的股价收益率，回归结果展示在表 2−23 中。

$$经市场调整的股价回报率_{i,t+1} = \alpha1 + \beta1\,环境评级_{i,t} + \gamma1 \sum 控制变量_{i,t}$$
$$+ 行业和月份固定效应 + \varepsilon_{i,t+1} \quad (10)$$

$$经市场调整的股价回报率_{i,t+1} = \alpha2 + \beta2\,社会评级_{i,t} + \gamma2 \sum 控制变量_{i,t}$$
$$+ 行业和月份固定效应 + \varepsilon_{i,t+1} \quad (11)$$

$$经市场调整的股价回报率_{i,t+1} = \alpha3 + \beta3\,公司治理评级_{i,t} + \gamma3 \sum 控制变量_{i,t}$$
$$+ 行业和月份固定效应 + \varepsilon_{i,t+1} \quad (12)$$

在上述模型中，经市场调整的股价回报率$_{i,t+1}$指个股月度股票收益率减去 A 股综合市场考虑现金红利再投资的综合市场年回报率（按等权平均法计算）的股价收益率，环境评级$_{i,t}$、社会评级$_{i,t}$、公司治理评级$_{i,t}$分别是上市公司的 E、S、G 单项评分。

从 E 评级来看（见表 2−23−A），润灵和华证的 E 评级与下一期经市场调整的股价收益率的回归结果分别在 10% 和 5% 的显著性水平上为正相关，而秩鼎、商道融绿和万得的 E 评级与下一期经市场调整的股价收益率的回归结果分别在 1%、1% 和 5% 的显著性水平上为负相关。

从 S 评级来看（见表 2 - 23 - B），秩鼎和华证的 S 评级与下一期经市场调整的股价收益率回归结果在 1% 的显著性水平上显著为负相关，万得的 S 评级与下一期经市场调整的股价收益率的回归结果在 10% 的显著性水平上为负相关，其余 3 家评级结果与下一期经市场调整的股价收益率的回归结果不显著。

从 G 评级来看（见表 2 - 23 - C），与 E 的评级结果相似，润灵和华证的 G 评级与下一期经市场调整的股价收益率都在 1% 的显著性水平上为正相关，而秩鼎和万得的 G 评级与下一期经市场调整的股价收益率分别在 1% 和 5% 的显著性水平上为负相关，路孚特和商道融绿的 G 评级与下一期经市场调整的股价收益率不相关。

表 2 - 23　ESG 一级指标与经市场调整的股价收益率

被解释变量	经市场调整的股价收益率					
表 A	固定效应模型：E 评级与经市场调整的股价收益率					
	路孚特	润灵	秩鼎	商道融绿	华证	万得
E 环境评级	0.448	0.541 *	−0.010 ***	−3.306 ***	0.756 **	−0.353 **
	(1.21)	(1.66)	(−2.91)	(−4.42)	(2.17)	(−2.17)
企业规模	0.143	0.688 ***	0.496 ***	0.559 ***	0.397 ***	0.423 ***
	(1.36)	(18.00)	(13.57)	(11.97)	(15.16)	(12.22)
资产负债率	3.052 ***	1.556 ***	1.796 ***	2.484 ***	2.717 ***	1.786 ***
	(4.21)	(7.47)	(8.24)	(8.94)	(16.33)	(8.10)
资产收益率	5.141 **	5.734 ***	8.083 ***	8.498 ***	3.988 ***	8.257 ***
	(2.34)	(10.12)	(13.66)	(9.93)	(7.27)	(13.74)
账面市值比	−6.224 ***	−6.362 ***	−4.645 ***	−5.476 ***	−6.683 ***	−4.490 ***
	(−12.06)	(−23.27)	(−18.52)	(−17.30)	(−31.92)	(−17.83)
企业价值	0.178 **	0.293 ***	0.243 ***	0.253 ***	0.378 ***	0.232 ***
	(2.44)	(5.37)	(5.05)	(4.69)	(8.55)	(4.75)

续表

被解释变量	经市场调整的股价收益率					
表 A	固定效应模型：E 评级与经市场调整的股价收益率					
	路孚特	润灵	秩鼎	商道融绿	华证	万得
现金持有	0.767	0.164	−0.032	−0.660	1.406 ***	−0.913
	(0.43)	(0.24)	(−0.04)	(−0.69)	(2.66)	(−1.25)
两职合一	0.015	0.001	0.002	0.008	0.003	0.002
	(1.51)	(0.18)	(0.51)	(1.48)	(1.07)	(0.46)
第一大股东持股比例	−0.013 ***	−0.011 ***	−0.013 ***	−0.015 ***	0.002	−0.012 ***
	(−2.67)	(−5.59)	(−6.04)	(−5.37)	(0.97)	(−5.88)
月份固定效应	控制	控制	控制	控制	控制	控制
行业固定效应	控制	控制	控制	控制	控制	控制
Adj.R^2	0.049	0.061	0.067	0.096	0.042	0.071
样本量	20 875	124 545	93 358	6 193	287 506	90 719
表 B	固定效应模型：S 评级与经市场调整的股价收益率					
解释变量	路孚特	润灵	秩鼎	商道融绿	华证	万得
S 社会评级	0.240	0.221	−1.379 ***	−0.847	−0.018 ***	−0.031 *
	(0.71)	(0.72)	(−4.19)	(−0.90)	(−7.58)	(−1.69)
控制变量	控制	控制	控制	控制	控制	控制
Adj.R^2	0.076	0.061	0.067	0.097	0.033	0.068
样本量	16 998	124 545	93 358	61 943	224 877	86 918
表 C	固定效应模型：G 评级与经市场调整的股价收益率					
解释变量	路孚特	润灵	秩鼎	商道融绿	华证	万得
G 公司治理评级	0.048	0.123 ***	−1.860 ***	0.578	1.724 ***	−0.090 **
	(0.12)	(3.23)	(−3.37)	(0.83)	(4.99)	(−2.40)
控制变量	控制	控制	控制	控制	控制	控制
Adj.R^2	0.049	0.061	0.067	0.096	0.042	0.071
样本量	20 875	124 545	93 358	61 943	287 506	90 719

注：所有变量的定义如表 2−18 所示，样本量代表观测值数量，Adj.R^2 为调整后的 R 平方。括号中报告按照公司和年度层面聚集效应调整的 T−统计量。*、** 和 *** 分别表示在 10%、5% 和 1% 的水平上显著。

2.3.1.5 公司层面 ESG 一级指标与波动率的实证分析

本报告进一步采用各家评级机构的一级指标 E、S 和 G 与股价波动率作回归分析，采用模型（13）–（15）的回归方程，试图探讨 ESG 一级指标是否能预测下一期的股价波动率，回归结果展示在表 2–24 中。

$$股价波动率_{i,t+1} = \alpha1 + \beta 环境评级_{i,t} + \gamma1 \sum 控制变量_{i,t}$$
$$+ 行业和月份固定效应 + \varepsilon_{i,t+1} \tag{13}$$

$$股价波动率_{i,t+1} = \alpha2 + \beta2 社会评级_{i,t} + \gamma2 \sum 控制变量_{i,t}$$
$$+ 行业和月份固定效应 + \varepsilon_{i,t+1} \tag{14}$$

$$股价波动率_{i,t+1} = \alpha3 + \beta3 公司治理评级_{i,t} + \gamma3 \sum 控制变量_{i,t}$$
$$+ 行业和月份固定效应 + \varepsilon_{i,t+1} \tag{15}$$

在上述模型中，股价波动率$_{i,t+1}$指个股过去月度的日股价收益率的标准差除以股价均值，环境评级$_{i,t}$、社会评级$_{i,t}$、公司治理评级$_{i,t}$分别是上市公司的 E、S、G 单项评分。

整体而言，ESG 评级分项与股价波动率的实证回归结果与前一节中总项与股价波动率的实证回归结果保持一致。也就是说，ESG 评级分项越高，下一期的股价波动率越小。

从 E 评级来看（见表 2–24–A），整体而言，E 评级越高，下一期的股价波动率越小。具体表现为，润灵、秩鼎、商道融绿和华证的 E 评级与下一期的股价波动率的回归结果都在 1% 的显著性水平上为负相关，而路孚特和万得的 E 评级与下一期的股价波动率的回归结果不显著。

从 S 评级来看（见表 2–24–B），整体而言，S 评级越高，下一期的股价波动率越小。具体来看，润灵、秩鼎和华证的 S 评级与股价波动率的回归结果在 1% 的显著性水平上显著负相关，而万得的 S 评级与股价波动率的回归结果在 1% 的显著性水平上为正相关，其余的评级与经股价波动率的回归结果不显著。

从 G 评级来看（见表 2–24–C），整体而言，G 评级越高，下一期的股价波动率越小。具体来看，润灵、秩鼎、商道融绿和华证的 G 评级与下一期的股价波动率都在 1% 的显著性水平上为负相关。而万得的 G 评级与股价收益率的回归结果在 5% 的显著性水平上为正相关。路孚特与股价波动率不显著相关。

表 2 – 24   ESG 一级指标与股价波动率

被解释变量	股价波动率					
表 A	固定效应模型：E 评级与股价波动率					
	路孚特	润灵	秩鼎	商道融绿	华证	万得
E 环境评级	−1.228 (−1.45)	−0.665 *** (−6.28)	−2.389 *** (−3.15)	−4.841 *** (−2.82)	−3.784 *** (−5.25)	−0.056 (−1.08)
企业规模	−0.867 *** (−3.80)	−0.878 *** (−9.83)	−0.787 *** (−8.57)	−0.653 *** (−5.91)	−1.085 *** (−16.60)	−1.585 *** (−14.07)
资产负债率	10.387 *** (6.95)	5.013 *** (9.47)	5.010 *** (8.62)	4.108 *** (5.69)	4.345 *** (12.10)	3.557 *** (5.22)
资产收益率	1.561 (0.32)	−3.801 *** (−2.87)	−5.643 *** (−3.66)	−4.046 * (−1.79)	−5.234 *** (−4.83)	8.784 *** (4.81)
账面市值比	−10.885 *** (−9.80)	−8.997 *** (−15.62)	−10.085 *** (−17.02)	−10.867 *** (−15.59)	−8.019 *** (−18.37)	−6.396 *** (−8.04)
企业价值	−0.287 ** (−2.11)	−0.091 (−0.79)	−0.161 (−1.57)	−0.293 *** (−2.64)	−0.121 (−1.53)	−0.176 (−1.09)
现金持有	1.296 (0.35)	−2.247 (−1.50)	−3.792 ** (−2.32)	−4.848 ** (−2.13)	−3.692 *** (−3.89)	−4.994 ** (−2.24)
两职合一	0.014 (0.67)	−0.007 (−0.66)	−0.004 (−0.33)	−0.007 (−0.48)	−0.005 (−0.75)	0.003 (0.22)
第一大股东 持股比例	−0.024 ** (−2.13)	−0.012 ** (−2.11)	−0.015 ** (−2.44)	−0.019 ** (−2.47)	−0.005 (−1.16)	0.005 (0.70)
月份固定效应	控制	控制	控制	控制	控制	控制
行业固定效应	控制	控制	控制	控制	控制	控制
Adj.R²	0.495	0.287	0.300	0.297	0.526	0.212
样本量	13 415	85 484	63 890	36 863	197 280	35 591
表 B	固定效应模型：S 评级与股价波动率					
解释变量	路孚特	润灵	秩鼎	商道融绿	华证	万得
S 社会评级	−0.460 (−0.46)	−0.665 *** (−6.28)	−3.205 *** (−3.75)	−2.586 (−1.15)	−1.906 *** (−3.77)	0.206 *** (3.58)
控制变量	控制	控制	控制	控制	控制	控制
Adj.R²	0.506	0.287	0.300	0.297	0.526	0.212
样本量	13 640	85 484	63 890	36 863	197 280	35 591

被解释变量	股价波动率					
表C	固定效应模型：G评级与股价波动率					
解释变量	路孚特	润灵	秩鼎	商道融绿	华证	万得
G公司	−0.586	−0.665 ***	−15.648 ***	−8.780 ***	−5.396 ***	0.236 **
治理评级	（−0.58）	（−6.28）	（−12.03）	（−4.84）	（−7.17）	（2.02）
控制变量	控制	控制	控制	控制	控制	控制
Adj.R²	0.506	0.287	0.305	0.298	0.526	0.212
样本量	13 634	85 484	63 890	36 863	197 280	35 591

注：样本量代表观测值数量，Adj.R² 为调整后的R平方。括号中报告按照公司层面聚集效应调整的T-统计量。*、** 和 *** 分别表示在10%、5%和1%的水平上显著。

2.3.2　基金的 ESG 评级相关性及实证分析

2.3.2.1　基金层面 ESG 评级方法论及相关性

本报告基于各评级机构对于上市公司的 ESG 评分，根据基金产品披露的年度持仓数据，计算得到基金产品层面的 ESG 加权评分，其定义如下：

$$基金的 ESG 评分 = \sum_{i=1}^{n} w_i \times 公司 i 的 ESG 评分$$

其中，w_i 为基金组合中持有的公司 i 的权重，n 为基金组合中持有的公司数量，并且 $\sum_{i=1}^{n} w_i = 1$。根据 8 家 ESG 评级（富时罗素、路孚特、华证、妙盈、润灵、商道融绿、万得和秩鼎）的上市公司 ESG 评级计算得到的基金的 ESG 评级结果的描述性统计如表 2 – 25 所示。2021 年笔者对缺少评级的上市公司采用其所属行业的 ESG 评级均值进行替代打分进而获得基金评分，2022 年为了确保公允，不再采用行业均值替代方法，仅对 67% 以上持仓有 ESG 评分的偏股基金进行 ESG 评价。由于各家评级机构覆盖股票数量不同，因此可以给出的基金 ESG 评价的基金数量和范围也不同。

表 2－25　2021 年基金层面各机构 ESG 评级情况

评级机构	覆盖数（家）	均值	标准差	最小值	中间值	最大值
富时罗素	1 250	1.252	0.266	0.657	1.205	2.245
路孚特	545	0.370	0.067	0.163	0.370	0.608
华证	3 623	67.740	6.196	49.062	68.793	81.221
妙盈	3 582	39.974	6.625	19.770	39.172	60.832
润灵	309	30.672	7.530	18.322	28.156	53.754
商道融绿	3 592	45.595	4.834	33.299	45.780	59.429
万得	3 637	595.215	62.099	412.014	598.210	744.789
秩鼎	3 573	54.420	6.085	36.247	54.392	70.969

　　基于各家机构发布的 2021 年 ESG 评级数据，本报告对 8 家来自境内外机构的 ESG 基金评级进行相关性分析（见表 2－26）。机构之间评级相关性处于 0.199 至 0.854 之间。其中，润灵 ESG 基金评级和万得基金评级之间的相关性最低，仅为 0.199；华证 ESG 基金评级和秩鼎 ESG 基金评级之间的相关性最高，达 0.854。各评级之间的相关性高低不一，与上市公司 ESG 机构评级结果并不一致以及覆盖的上市公司及持仓情况有关。

表 2－26　2021 年 ESG 基金评级的相关性统计

评级机构	富时罗素	路孚特	华证	妙盈	润灵	商道融绿	万得	秩鼎
富时罗素	1.000							
路孚特	0.809	1.000						
华证	0.399	0.354	1.000					
妙盈	0.539	0.645	0.687	1.000				
润灵	0.841	0.618	0.347	0.272	1.000			
商道融绿	0.691	0.675	0.757	0.808	0.460	1.000		
万得	0.497	0.527	0.716	0.730	0.199	0.755	1.000	
秩鼎	0.355	0.470	0.854	0.795	0.160	0.762	0.791	1.000

　　为了验证根据底仓打分后的基金是否与第三章根据关键词筛选出来的 ESG 基金重合，本报告基于各评级公司 ESG 评级的底仓前 50 名与 ESG 公募基金进行匹配，将同时满足两种方法筛选出的基金如表 2－27 所示。需要注意的是，由于仅对 67% 以上持仓有 ESG 评分的偏股基金进行 ESG 评价，且各家评级机构覆盖股票数量不同，因此可以给出的基金 ESG 评价的基金数量和范围也不同。

表 2-27　ESG 基金中评分位于前 50 名的基金列表

评级公司	基金代码	基金简称	评级公司	基金代码	基金简称
路孚特	510010.0F	交银180治理ETF	商道融绿	515090.0F	博时可持续发展100ETF
	510090.0F	建信上证社会责任ETF		516830.0F	富国沪深300ESG基准ETF
	515090.0F	博时可持续发展100ETF		159790.0F	华夏中证内地低碳经济主题ETF
	516830.0F	富国沪深300ESG基准ETF		510090.0F	建信上证社会责任ETF
	561900.0F	招商沪深300ESG基准ETF		510010.0F	交银180治理ETF
华证	516830.0F	富国沪深300ESG基准ETF		159885.0F	鹏华中证内地低碳经济ETF
	510090.0F	建信上证社会责任ETF		516070.0F	易方达中证内地低碳经济ETF
	159790.0F	华夏中证内地低碳经济主题ETF		560560.0F	泰康中证内地低碳经济主题ETF
	561900.0F	招商沪深300ESG基准ETF		516160.0F	南方中证新能源ETF
妙盈	515090.0F	博时可持续发展100ETF		561900.0F	招商沪深300ESG基准ETF
	516830.0F	富国沪深300ESG基准ETF		512580.0F	广发中证环保产业ETF
	510010.0F	交银180治理ETF	万得	515090.0F	博时可持续发展100ETF
	61900.0F	招商沪深300ESG基准ETF		516830.0F	富国沪深300ESG基准ETF
	510090.0F	建信上证社会责任ETF		510090.0F	建信上证社会责任ETF
	516720.0F	浦银安盛中证ESG120策略ETF		561900.0F	招商沪深300ESG基准ETF
秩鼎	516830.0F	富国沪深300ESG基准ETF		510010.0F	交银180治理ETF
	516720.0F	浦银安盛中证ESG120策略ETF		516720.0F	浦银安盛中证ESG120策略ETF
	510010.0F	交银180治理ETF	富时罗素	515090.0F	博时可持续发展100ETF
	510090.0F	建信上证社会责任ETF		510010.0F	交银180治理ETF
	515090.0F	博时可持续发展100ETF		—	—
	561900.0F	招商沪深300ESG基准ETF		—	—

2.3.2.2 基金层面 ESG 评级的实证分析

为了观察基金产品的 ESG 评级是否会预测下一期基金产品的收益率，本报告采用以下回归模型：

$$基金回报率_{i,t+1} = \alpha + \beta 基金 ESG 评级_{i,t} + \sum \gamma 控制变量$$

$$+ 基金个体和月度固定效应 + \varepsilon_{i,t+1} \qquad （16）$$

其中，基金回报率$_{i,t+1}$是基金的月度收益率，基金波动率$_{i,t+1}$是基金的月度波动率，基金 ESG 评级$_{i,t}$是基于路孚特、富时罗素、商道融绿、华证、妙盈、润灵、秩鼎和万得 8 种 ESG 评价体系计算的基金产品的 ESG 评级。控制变量包括风险因子和换手率，并控制了基金产品个体固定效应和月度固定效应。具体的变量定义见表 2 - 28。

表 2 - 28　基金回归模型变量说明

名称	说明
基金收益率	月度收益率
基金波动率	月度收益率标准差
基金 ESG 评级	根据各家基于公司层面的 ESG 评级及基金层面的持仓加权计算
风险因子	投资组合相对于整体市场的波动性
基金换手率	买入股票总量 + 卖出股票总量 /统计期内基金日均规模

回归结果如表 2 - 29 所示，润灵、华证和妙盈的 ESG 基金评级与基金产品的下一期基金收益率成显著正相关，而路孚特、富时罗素和万得的 ESG 基金评级与下一期基金收益率在 1% 的显著性水平上负相关，剩下的秩鼎和商道融绿的 ESG 基金评级与基金收益率之间的回归结果并不显著。Folger - Laronde 等（2020）的研究发现，在市场低迷的情况下，基金层面的社会责任投资并没有表现得更好。Kim 和 Yoon（2021）的研究也发现，UN PRI 签署方在签署 UN PRI 后并没有提高基金层面的加权平均 ESG 分数，而且所赚取的回报有所下降。Raghu-nandan 和 Rajgopal（2022）的研究发现，ESG 基金（i）获得较低的股票回报，但（ii）收取更高的管理费。Halbritter 和 Dorfleitner（2015）

的研究表明，ESG 投资组合超额表现的规模和方向在很大程度上取决于评级提供者，这凸显了 ESG 评级之间的巨大差异以及加强协调的必要性。

表2-29　基金的 ESG 评级与基金收益率

被解释变量	基金收益率							
	路孚特	富时罗素	润灵	秩鼎	商道融绿	华证	妙盈	万得
基金 ESG 评级	-3.381 ***	-3.084 ***	4.600 ***	-3.693	6.581	3.730 ***	8.846 ***	-2.447 ***
	(-9.87)	(-2.82)	(14.51)	(-0.16)	(0.73)	(10.74)	(4.29)	(-3.84)
风险因子	-6.048 ***	4.798 ***	5.063 ***	-9.406 ***	15.570 ***	12.874 ***	3.775 ***	12.467 ***
	(-4.03)	(2.74)	(7.19)	(-4.04)	(12.09)	(17.68)	(6.08)	(10.93)
基金换手率	0.031	0.007	0.077 ***	-0.084 **	-0.022	0.056 ***	0.052 ***	0.059 *
	(1.62)	(0.18)	(5.01)	(-2.09)	(-0.47)	(4.19)	(3.95)	(1.83)
样本量	22 790	18 255	111 458	11 540	32 950	85 040	127 457	42 670
Adj.R^2	0.600	0.446	0.593	0.495	0.444	0.555	0.584	0.439

注：所有变量的定义如表2-28所示，样本量代表观测值数量，Adj.R^2 为调整后的 R 平方。括号中报告按照公司和年度层面聚集效应调整的 T-统计量。*、** 和 *** 分别表示在10%、5% 和1% 的水平上显著。

　　类似地，根据计算出来的基金的 ESG 评级与基金波动率进行回归分析［见式（17）］，结果如表2-30所示。其中，基金波动率$_{i,t+1}$ 是月度收益率标准差。路孚特、富时罗素的 ESG 基金评级与基金产品的下一期波动率在1%的显著性水平上负相关，而国内的评级机构包括润灵、秩鼎、商道融绿、华证和妙盈的 ESG 基金评级与下一期基金产品波动率在1%的显著性水平上正相关，万得的 ESG 基金评级与基金波动率无显著相关。

$$基金波动率_{i,t+1} = \alpha + \beta 基金 \, ESG \, 评级_{i,t} + \sum \gamma 控制变量$$
$$+ 基金个体和月度固定效应 + \varepsilon_{i,t+1} \quad （17）$$

表2-30　基金的 ESG 评级与基金波动率

被解释变量	基金波动率							
解释变量	路孚特	富时罗素	润灵	秩鼎	商道融绿	华证	妙盈	万得
基金 ESG 评级	−2.583 ***	−4.421 ***	7.699 ***	8.223 ***	4.611 ***	9.028 ***	1.487 ***	−0.018
	(−10.28)	(−6.33)	(32.72)	(5.86)	(7.36)	(33.88)	(9.52)	(−0.04)
风险因子	4.660 ***	2.394 ***	6.558 ***	3.324 ***	2.338 ***	5.057 ***	6.173 ***	2.948 ***
	(42.37)	(21.34)	(125.43)	(23.24)	(26.15)	(90.49)	(131.31)	(37.39)
基金换手率	0.009 ***	0.016 ***	0.011 ***	0.008 ***	0.023 ***	0.013 ***	0.008 ***	0.024 ***
	(6.53)	(6.13)	(10.06)	(3.34)	(6.82)	(12.83)	(8.34)	(10.55)
样本量	22 790	18 255	111 458	11 540	32 950	85 040	127 457	42 670
Adj.R²	0.778	0.723	0.724	0.791	0.653	0.740	0.742	0.660

注：所有变量的定义如表2-28所示，样本量代表观测值数量，Adj.R^2为调整后的 R 平方。括号中报告按照公司和年度层面聚集效应调整的 T - 统计量。*、** 和 *** 分别表示在10%、5% 和1% 的水平上显著。

3. 中国资管行业ESG投资问卷调查

为全面客观地了解我国资管行业 ESG 最新发展态势，推动 ESG 研究深入发展，笔者第三次发起"中国市场 ESG 责任投资调查"，共设计两个版本问卷，一份是针对已发行过 ESG 相关产品公司的产品版本问卷，共收集 42 份；另一份不限于是否已发行过 ESG 相关产品公司的机构版本问卷，共收集 146 份。2022 年问卷调研的主要发现和结论如下。

国内资管机构对 ESG 理念的理解不断深化，对 ESG 纳入投资实践的定义逐步严格、ESG 投资回归理性。在 2022 年调研中，更多机构选择"不太了解"ESG 或"五年内考虑"将 ESG 纳入投资决策；绝大多数机构认为 ESG 理念对改善被投公司和自身投资绩效"有一定意义"，同时，认为"非常有意义"的占比略有下降。从 ESG 投资获得卓越投资业绩所需时间上看，认为"不会有卓越表现""7 年到 10 年""10 年以上"的占比有所提升，而"1 年到 3 年"和"3 年到 5 年"有所下降，意味着资管机构认为 ESG 产品真正获得投资收益需要更长的时间。各机构对 ESG 的态度似乎回归理性。

"社会责任"、"提高品牌形象和声誉"和"产品供应多样化和差异化"成为机构采用 ESG 投资的前三大动机。2022 年，"社会责任"和"提高品牌形象和声誉"替代"降低投资风险"和"提高长期回报"成为受访机构采用 ESG 策略的前两大动机，这可能源于目前阶段国内机构尚未从 ESG 投资中获得显著超额收益，但我国自上而下推动 ESG 理念，引发了资管机构对 ESG 理念的关注。同时，也表明国内机构开始重视 ESG 带来的长期潜在品牌收益，体现在国内 ESG 投资理念的升级和发展方面。

　　资管机构重视 ESG 交流与策略研发，第三方服务机构是 ESG 工作主要支持力量。在围绕 ESG 投资开展的行动上，2022 年提及最多的是"参加第三方组织的相关主题会议学习"，从侧面反映出市场各方对 ESG 的关注与讨论的增加。另外，受益于证监会明确提出鼓励基金管理人开发 ESG 产品，2022 年新增加的"开发 ESG 相关策略或产品"选项，共有 49 家机构选择，占比约为 13%。在组织架构上，2021 年，选择"配备了专职 ESG 研究或投资人员"的占比有所下降，而"聘用第三方咨询顾问"的占比从 1% 增长至 7%，说明有一部分机构倾向于通过外包控制成本的方式开展 ESG 工作。

　　主题投资策略替代负面筛选成为最流行的策略选择，股东参与策略逐渐增多。受访机构中有将近半数的机构正在实施 ESG 策略。其中，"双碳"背景下绿色/可持续主题成为最流行的策略；负面筛选居第二位，资管机构的"风险管理部门"对 ESG 的考虑有明显增加，其绝对数量从 10 家增加至 26 家；ESG 整合策略跃升至第三位，与全球 ESG 策略发展趋势契合。需要特别指出的是，股东参与策略的规模也保持上升趋势，资管机构与被投资公司之间的互动明显增多。随着积极股东主义理念逐步成熟，该策略也会成为机构系统性提高 ESG 投资能力的重要抓手。

　　ESG 评级体系本土化及特色化渐成趋势。可能受限于目前 ESG 投资的认可度不高，或者对购买数据源与人力成本的考量，建立了 ESG 指标体系或正在建立 ESG 指标体系的机构仍然较少。不过值得注意的是，未来考虑自主建立 ESG 指标体系的机构高达 70 家，占比为 48%；而选择不考虑建立 ESG 指标体系的机构同比下降。同时，超过半数的受访机构都基本认可国内和国外第三方机构提供的 ESG 评级，而对国内机构提供的 ESG 评级的认可度比国外高，究其原因在于中外评级指标的差异，资管机构认为国内机构所提供的 ESG 评估框架更能够反映符合国情的 ESG

水平，对境内投资更有参考意义。从具体指标上看，与 2021 年相比，认为公司治理维度仍然是 ESG 三维度中对公司业绩和经营表现影响最大的因素的机构占比由 62% 上升至 73%；环境和社会维度的重要性有所降低，2022 年分别有 14% 和 12% 的机构肯定环境维度和社会维度对被投公司业绩表现的重要影响。

机构对 ESG 投资产生超额收益态度积极，但认为需在更长期间维度下实现。针对已发行 ESG 产品的机构，仅有 10% 的机构认为 ESG 投资无法带来超额收益，而绝大多数机构认为 ESG 投资可以偶尔或经常带来超额收益。具体来看，有 17 家机构认为 G 即公司治理项下的指标会为产品带来超额收益，如管理者的更换频率、员工薪酬、高管激励、信批质量等；有 7 家机构认为 E 即环境治理项下的指标会带来超额收益，如引领绿色技术、绿电光伏、低碳环保、碳排放、排污绩效等实质性指标；有 6 家机构认为 ESG 三个维度的指标均能带来 Alpha（超额收益）。从 ESG 获得爆发式认可的时间看，相比 2021 年，"未来 5 年到 10 年"的占比由 20% 提升至 40%，而"未来 2 年内"的占比由 16% 下降至 10%，"未来 2 年到 5 年"的占比由 54% 下降至 48%，可见随着机构真正践行 ESG 理念，逐渐认识到 ESG 纳入投研流程并获得收益需要长期努力。

3.1　机构版问卷

2022 年机构版问卷共计有 146 家机构参与，其中公募基金数量高达 138 家、证券公司资产管理部/资管子公司 7 家、保险机构 1 家。其中，本调研覆盖近 90% 在证监会网站公布的基金管理公司，相比 2020 年的 226 家（其中公募基金 118 家）与 2021 年的 159 家（其中公募基金 122 家），2022 年能在更大程度上反映我国公募基金行业对 ESG 责任投资的总体看法与评价。

3.1.1 看法及了解程度

2022年对ESG投资"已有实践"机构占比从6%提升至21%，反映出国内资管市场对ESG投资认识逐渐深化，ESG理念实践有所增加；相应地，有所耳闻或关注未行动（包含"有所耳闻""较关注未行动""十分关注未行动""十分关注将行动"选项）的机构占受访机构的68%，比2020年的81%大幅下降。需要指出的是，2022年选择"不太了解"机构占比略有上升。汇丰银行的2022年《全球ESG情绪调查》显示，许多受访者不能确定他们公司对ESG采取的方法。本报告认为，由于ESG缺乏明确定义的框架，或导致国内机构对ESG的了解与实践并不确信，造成"不太了解"机构占比有所波动（见图3-1）。

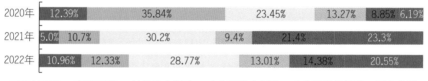

图3-1 调查对象对ESG投资的了解程度

根据法国巴黎银行（以下简称BNP）2021年全球ESG调查，全球22%的受访投资者将ESG因素纳入了至少75%的投资组合。在2022年调研中，"尚未关注"的机构占比逐年递减，从2020年的21%下降至18%；"5年内考虑"占比增长显著，从2020年的39%提升至2022年的47%（见图3-2）。值得关注的是，相较于2021年，2022年更多机构选择"5年内考虑"，而非"已纳入2年以内""已纳入2年至5年""已纳入大于5年"，这可能源于部分机构认为ESG从考量到纳入真正的ESG投资实践尚有距离，仍需要积极探索，不断优化ESG实践。截至此次调研，国内将ESG因素纳入投资决策（包含"已纳入2年以内""已纳入2年至5年""已纳入大于5年"选项）的机构共51家，占2022年受访机构的35%。

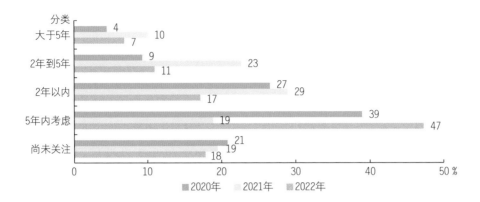

图3-2 机构将ESG因素纳入投资决策的时间

与2020年和2021年调研结果相同，绝大多数机构认为ESG理念对改善被投公司的长期绩效"有一定意义"，占比从2021年的47%上升至53%；同时，认为"非常有意义"的占比略有下降，占比从2021年的47%下降至36%（见图3-3）。相比2021年，"不清楚"的机构占比有所下降，其观点有了更明确的倾向，选择"持怀疑态度"（从4%增长至7%）或"没有意义"（从0增长至3%）的均有所增加。但总体而言，上市公司通过践行ESG理念意味着关注环境及社会影响，完善内部治理体系，符合"'双碳'目标""共同富裕"等时代趋势，因此，对其长期可持续发展有助益，持正面观点的机构占比具有绝对优势。

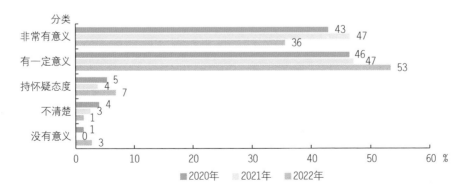

图3-3 机构关于ESG理念对改善上市公司长期绩效的看法

关于ESG理念对改善机构自身的投资绩效，多数受访机构认为其"有一定意义"，占比提升至63%；同时，认为"非常有意义"的占比略有下降，占比为23%（见图3-4）。相比2021年，似乎"持怀疑态度"的部分受访机构转投"没有意义"。ESG投资是否能带来超额效益一直是业界颇具争议的话题。Atz等于2022年发表了最新的文献，其调查了2015年至2020年发表的1 141篇论文和27篇元综述（基于约1 400项基础研究），总结认为ESG投资的财务表现平均而言与传统投资并无区别，仅三分之一的研究表明ESG投资业绩优于传统投资。国内多家券商对ESG是否有超额收益也开展了研究，但尚未有定论。ESG在国内的投资实践刚刚起步，是否能否带来超越业绩基准和市场的超额收益还有待实践检验和验证，调研结果显示仍需保有谨慎积极的态度。

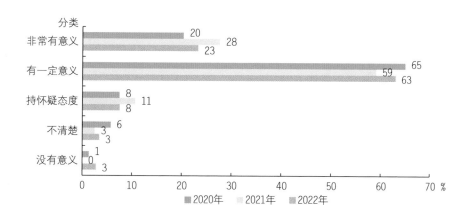

图3-4　机构关于ESG理念对改善自身投资绩效的看法

根据汇丰银行2022年对528家金融机构的《全球ESG情绪调查》，纳入ESG的主要原因是吸引资本，其次是同行压力，而业绩考量是最薄弱的原因之一。然而，2022年调研显示，"吸引资金流入""同业竞争压力"并不是国内资管机构采用ESG投资的主要动力（见图3-5）。相比2021年，"社会责任"和"提高品牌形象和声誉"替代了"降低投资风险"和"提高长期回报"，与"产品供应多样化和差异化"并列成为受访机构的前三大动机，这可能源于目前阶段国内机构尚未从 ESG 投资中挖掘显著超额收益，但我国自上而下推动 ESG 理念，引发资管机构对 ESG 理念的关注；同时，也表明国内机构开始重视 ESG 带来的长期潜在品牌收益。除此之外，调研显示，"降低投资风险"和"提高长期回报"而践行 ESG 理念的机构占比不低，这可能由于我国公募基金长期净值化管理，投资者对于公募产品是否可以赚取超额收益更为关注。

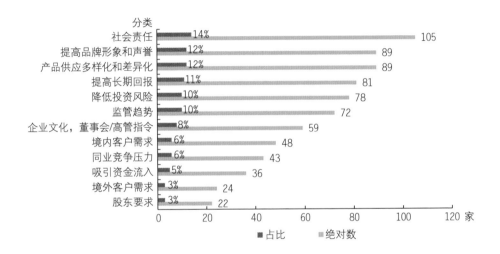

注：2021 年优化题目设置，增加了"境外客户需求"和"吸引资金流入"选项。

图 3-5　采用 ESG 投资的主要（或可能的）动机（多选题）

3.1.2　架构及外部资源

目前机构在 ESG 领域方面开展的工作正在全面铺开。具体而言，ESG 理念在国内资管市场盛行，市场各方对 ESG 的关注和兴趣增加，ESG 相关会议为市场参与方提供了更多交流和学习的机会，相比 2021 年仅有 17% 的机构"参加第三方组织的相关主题会议学习"，2022 年该选项已经成为 27% 的机构开展 ESG 工作的重要方式（见图 3-6）。市场各方在实现经济的高质量、绿色、可持续发展的背景下，共同探讨 ESG 在国内的发展方向和前景，卖方、买方、监管等机构碰撞交流，为 ESG 发展奠定了良好的基础。除此之外，机构还以"对员工进行 ESG 风险和机遇的培训""开发 ESG 相关策略或产品""采购 ESG 数据或 ESG 评级"为主。其中，证监会在 2022 年出台多项政策鼓励和推进 ESG 基金投资的发展，其中包括 2022 年 5 月发布的《机构监管情况通报》，明确提出鼓励基金管理人开发 ESG 产品，因此 2022 年新增加"开发 ESG 相关策略或产品"选项，共有 49 家机构选择，占比约为 13%。目前，通过"聘用第三方咨询顾问优化内部 ESG 策略""制定 ESG 投资规范或制度或指引""建立 ESG 相关的考核、激励及惩罚措施"等举措开展 ESG 工作的机构不多，仍有待提升，说明 ESG 机制和生态建设尚有完善空间，更加规范化可持续的 ESG 投资实践有待发展。

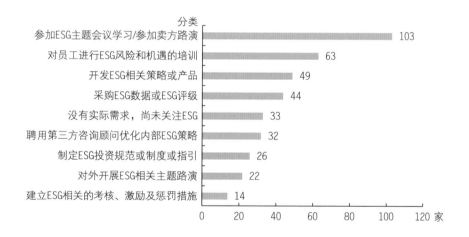

注：2022 年优化题目设置，增加了"开发 ESG 相关策略或产品""制定 ESG 投资规范或制度或指引"和"对外开展 ESG 相关主题路演"选项。

图 3-6　机构在 ESG 投资方面已开展的工作（多选题）

在组织架构上，虽然 ESG 团队的建立需要人力成本和公司资源，但大型头部机构正在尝试和积极行动。目前，ESG 相关工作主要通过配备专职或兼职研究人员开展，约有 27% 的机构"没有专职人员，但配备了 ESG 兼职人员"、约有 9% 的机构"配备了专职 ESG 研究或投资人员"、8% 的机构建立了独立的 ESG 团队或部门（见图 3-7）。相比 2021 年，选择"配备了专职 ESG 研究或投资人员"的占比有所下降，而"聘用第三方咨询顾问"的占比从1%增长至7%，说明有一部分机构倾向于通过外包这种控制成本的方式开展ESG工作。

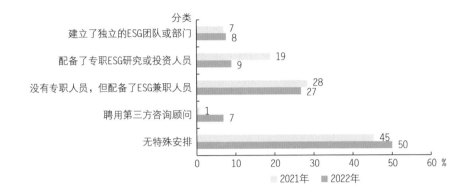

图3-7 组织架构中对ESG投资的针对性安排

具体到牵头制定ESG策略的部门或角色，34家机构由公司高级管理层制定并贯彻落实（见图3-8），这与ESG理念的推行需要自上而下形成内部共识的认识相符合。ESG工作的开展需要机构通过外采数据或咨询服务的方式投入成本，导致短期利润减少。因此，通过高级别员工推行ESG策略有助于机构各部门形成合力，推动ESG理念的实践。但相比2021年，更多机构选择"无特殊安排"，可能与其处于ESG探索期或尚未开展ESG相关工作有关。

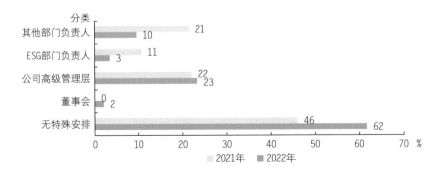

注：2022年优化题目设置，增加了"董事会"选项。

图3-8 牵头制定ESG投资策略的部门或角色

根据 GSIA 报告，ESG 整合策略替代负面筛选成为规模最大的可持续投资策略。而 ESG 整合策略意味着 ESG 纳入现有投资流程各环节，因此投资部门、研究部门、风险管理部门等各部门对 ESG 的考虑非常重要。相比 2021 年，"风险管理部门"对 ESG 的考虑有明显增加，其绝对数量从 10 家增加至 26 家（见图 3-9），国信证券在《ESG 如何影响投资业绩》中提到，"ESG 可以被视为企业的一种风险评估模型"。现有 ESG 数据聚焦企业处罚、高管变动等企业经营中的定性指标挖掘，对于投资过程中规避"黑天鹅"事件具有积极意义。

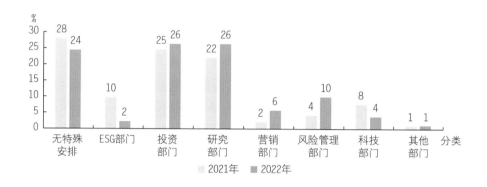

图 3-9　在投资决策中贯彻 ESG 策略的部门（多选题）

可能受限于目前 ESG 投资的认可度不高，或者对购买数据源与人力成本的考量，建立了 ESG 指标体系或正在建立 ESG 指标体系的机构仍然较少。不过值得注意的是，未来考虑自主建立 ESG 指标体系的机构高达 70 家，占比为 48%；而选择不考虑建立 ESG 指标体系的机构同比下降（见图 3-10）。资管机构的 ESG 指标体系融入了自己的投资方法论和投资偏好，结合国内特有的国情，综合考量不同行业的 ESG 议题重要性，可以更适用于国内践行本土化的 ESG 理念。可以期待，随着 ESG 理念的发展，未来将有更多机构建立自主 ESG 指标体系，更好地服务 ESG 投资和实践。

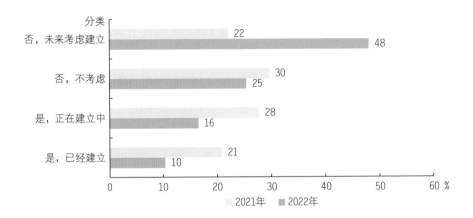

图 3-10　建立了自己的 ESG 投资指标体系的机构

在 ESG 数据支持和来源上，受访机构对于首选数据来源的偏好较为均衡，没有绝对的优势选项。排名前三位的分别是"政府或服务机构数据""第三方评级、排名或指数""第三方数据提供商"，占比分别为17%、17% 和 16%；最少首选来源为"非政府组织报告"，占比为 9%（见图 3-11）。2022 年以来，通过直接公司参与获取数据源的机构明显

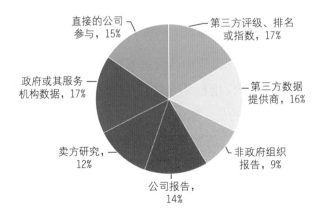

注：2022 年优化题目设置，删除了"监管文件"和"另类数据"选项，将其以往年度数据纳入"其他"。

图 3-11　ESG 策略首选数据源（多选题）

增多，有一定比例的机构将积极所有权作为实践ESG的策略之一。根据Krueger等学者（2020）的研究，尤其是长期的、规模较大的、以ESG为导向的投资者，认为应对气候风险的更好方法是风险管理和积极参与，而非撤资。BNP的境外投资者ESG调查报告也显示，公司参与的作用越来越大。境外投资者与被投资公司接触，不限于委托投票，还包括与公司会面等方式积极影响被投公司ESG表现等。

此外，卖方研究作为首选数据源的比例也逐渐上升。正如本报告指出，截至2022年6月30日，全市场名称中包含"ESG"的报告共有296篇。2022年上半年，相关研报则已发布106篇。这是一个积极的信号，卖方研究报告的增多反映出市场对ESG的兴趣、关注以及需求。在公司报告方面，据商道融绿发布的《中国责任投资年度报告2021》统计，自2021年至2022年10月27日，共有1 139家A股上市公司发布了1 150份2020年度企业社会责任报告，发布报告的公司数量占全部上市公司的24.9%。A股社会责任报告整体披露数量明显上升，ESG信息披露透明化将是一个必然趋势，进而丰富公司ESG数据源。不过，我国尚未形成全市场统一的ESG披露指引，完善自身数据体系任重道远。

针对国内和国外第三方机构提供的ESG评级结果，超过半数的受访机构都认为其可作为投资决策的参考，但国内机构提供的ESG评级受认可度比国外高（见图3-12）。究其原因，可能在于境外评级机构对中国市场的了解有待提升，国内机构所提供的ESG评估框架更能够反映符合国情的ESG水平，对境内投资更有参考意义。

3.1.3　策略及分析体系

ESG策略体系是践行ESG理念的方法。在投资策略上，2022年受访机构中将近半数的机构（共59家），在投资中实施ESG策略。如图3-13所示，其中绿色/可持续主题投资，以23%的占比，在2022

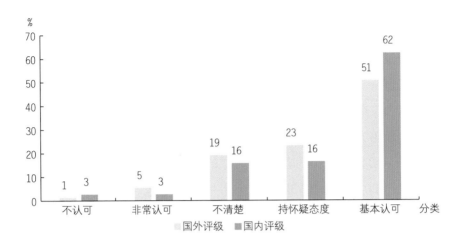

图 3 - 12　机构对国内外 ESG 评级结果的态度

年替代负面筛选（22%）成为最流行的策略选择，而 ESG 整合策略跃升至第三位（21%）。此外，股东参与策略和正面筛选分别有 12%、11% 的机构选择，规范筛选与影响力投资分别有 9% 和 2% 的机构选择。

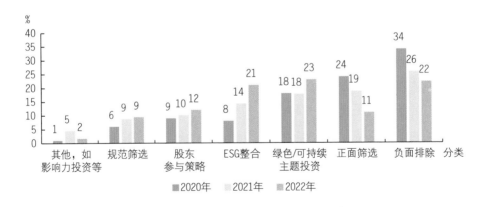

图 3 - 13　2020—2022 年 ESG 策略实施情况（多选题）

汇丰银行指出，ESG 整合是随着 AUM 的增加最受欢迎的策略。在国内，ESG 整合策略自 2020 年以来获得更多认可的趋势完全印证了

ESG 策略的全球发展趋势。可见，随着 ESG 可持续理念的普及，越来越多的国内机构系统化地将环境保护、社会责任和公司治理等要素纳入传统财务和估值分析过程，并逐步发展成熟模型的 ESG 投资框架和健全的评估指标体系，拉近与国外成熟市场的差距。

此外，股东参与策略的规模随着时间的推进也保持上升的趋势。可以推断，越来越多的机构将充分行使股东权利，通过参加股东大会、与董事会或管理层交流等机会推动被投资公司重视 ESG 议题。未来，随着影响力投资理念的传播，该策略也会成为机构提高系统性 ESG 投资能力的重要抓手。

根据调研，受访机构认为公司治理维度仍然是 ESG 三维度中对公司业绩和经营表现影响最大的维度（见图 3－14）。与 2021 年相比，持有该看法的机构占比由 62% 上升至 73%；环境和社会维度的重要性有所降低，2022 年分别有 14% 和 12% 的机构肯定环境维度和社会维度对被投公司业绩表现的重要影响。G 因素，主要体现在公司治理层面，也体现在公司的道德行为准则，以及公司对长期利益的关注上。毕马威的中国 ESG 主管合伙人林伟提出，公司治理是 ESG 的核心和战略基石，只有通过强化公司治理，才能从根本上推动环境效益与社会效益的持续改善，实现行稳致远。

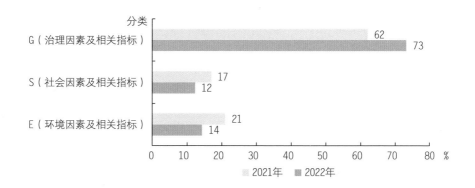

图 3－14 对被投资公司业绩表现影响最大的维度

　　针对各一级指标下更为重要的议题，调研发现：在环境维度中，"资源消耗表现：能源、水资源、物料资源、土地资源等""环境风险事件与应对：违规与处罚等""应对气候变化制度与数据：物理风险与转型风险"是机构认为最应关注的三个维度（见图3-15）。在社会维度中，"产品责任：产品质量与安全、产品创新等""市场责任：反垄断、专利保护等""利益相关方责任：消费者权益、供应链管理、债务人管理等"分列前三（见图3-16）。在公司治理维度中，"内控与审计：业绩操纵、财务造假、贪污腐败等""风险管理：管理体系、法律诉讼、ESG风险/气候风险管理等""信息披露：管理制度、及时性及有效性等"位列前三，是机构认为对被投公司的公司价值更为重要的衡量指标（见图3-17）。汇丰2022年ESG投资调查报告显示，环境因素中脱碳是受访者计划在未来12个月内关注的突出环境问题；社会因素则关注人权、性别多样性、就业问题和数据隐私；在治理方面，企业文化和董事会效率是主要问题。本报告认为，国内外国情不同，机构投资者充分考虑不同经济体之间的差异，构建本土化ESG体系，有助于ESG长期发展。

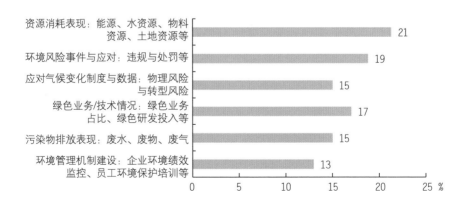

图3-15　对环境维度细项的评估（多选题）

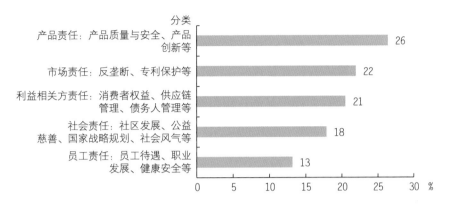

图 3 − 16 对社会维度细项的评估（多选题）

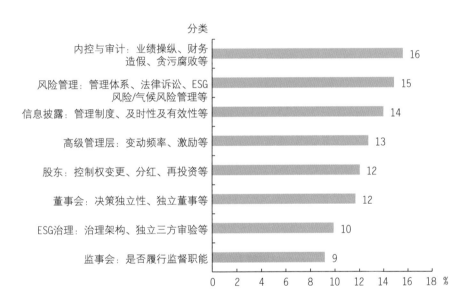

图 3 − 17 对公司治理细项的评估（多选题）

3.1.4 发行及产品表现

目前国内市场上 ESG 相关主题型产品占全部资产管理规模有限，与 GSIA 统计的 2020 年全球 36% 的可持续产品渗透率相比有较大增长空间。受访的 146 家机构中，共 50 家发行过 ESG 或可持续相关主题型产品，占比为34%（见图3－18）。从ESG或可持续相关主题产品占机构管理资产规模的比重看，80%的机构可持续投资产品占比位于"0～10%"或"10%～20%"区间。着眼未来，44%的机构（64家）认为未来2年内ESG或可持续相关主题产品投资会有所增长，其中25家机构认为未来2年内在总投资中ESG主题产品的比重将在"0～10%"区间，21家机构预计会增加到"10%～20%"的区间比重，12家机构认为ESG或可持续相关主题产品的比重将在"20%～30%"的区间（见图3－19）。

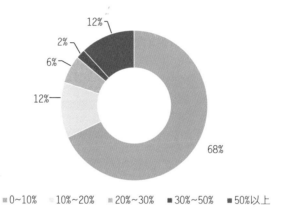

图3－18 ESG主题产品在投资中的比重

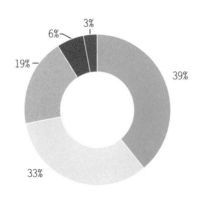

图3－19 预计ESG主题产品在投资中的比重

与 2021 年相同，绝大多数基金认为 ESG 产品需要 3~5 年才会有卓越的业绩表现，但大部分基金公司的业绩考核为 1~3 年，业绩体现与业绩考核周期的不对等可能成为 ESG 产品发展的障碍（见图 3-20）。考核机制如何平衡 ESG 产品表现所需的时间与基金经理投资业绩评估周期，是 ESG 生态构建中的必要考虑。从变化上看，认为"不会有卓越表现""7 年到 10 年""10 年以上"的占比有所提升，而"1 年到 3 年"和"3 年到 5 年"有所下降，意味着资管机构认为 ESG 产品真正获得投资收益需要更长的时间。

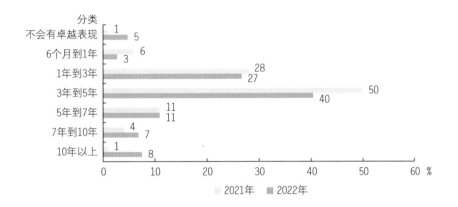

图 3-20　ESG 产品获得卓越投资业绩所需时间

3.1.5　挑战及提高方向

谈及 ESG 责任投资过程中的主要挑战，与 2021 年调研结果一致，最大的障碍仍为"ESG 相关信息难以获取、信息不完整或可信度不高"。根据调研，14.4% 的机构认为"缺少规范的 ESG 信息披露规则"导致在此环境下进行 ESG 投资挑战较大；市场层面，12% 的机构认为"践行 ESG 可获得的价值不确定或不显著，动力不足"（见图 3-21）。与此同时，"缺乏衡量 ESG 投资绩效的标准行业指标""ESG 责任投资的市场接受度较低"也是阻碍机构进行 ESG 投资的重要原因。

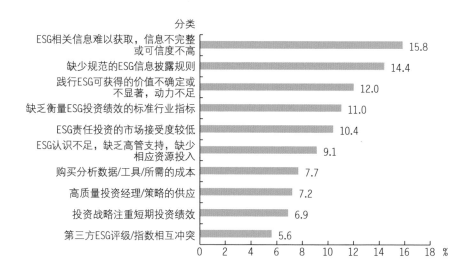

图3-21 机构采用ESG投资的主要挑战（多选题）

进一步来看，"监管部门自上而下推动和鼓励 ESG 责任投资"被认为是促使机构践行 ESG 投资最有效的方式（见图 3 - 22）。除此之外，"提高企业信息披露质量，增强数据点的可用性"和"为那些践行 ESG

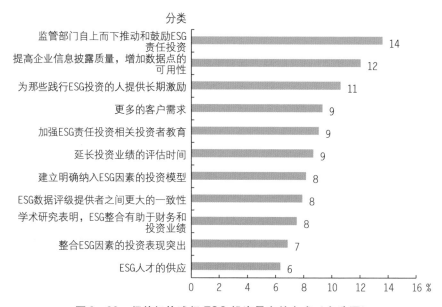

图3-22 促使机构践行 ESG 投资最有效方式（多选题）

投资的人提供长期激励"被认为是重要因素。当前我国 ESG 投资仍处于发展阶段，监管制度、信息质量和结果评定方面仍需各方参与者积极参与并制定标准，以规范并推动行业的健康发展。此外，由于当前 ESG 投资的观念普及程度还需进一步加强，许多基金经理认为 ESG 投资客户需求不足、社会认识程度不高，因此需要学术界与业界共同携手，推进投资者教育、普及 ESG 投资理念并且培养更多相关专业人才。

3.2 产品版问卷

2022 年产品版问卷面向发行过 ESG 主题基金的管理机构，从客户画像、ESG 重视程度、ESG 基金经理选择、第三方机构 ESG 评级结果的验证，ESG 因素纳入投资分析的决策流程以及 ESG 投资的超额收益等视角进行深入探讨。2022 年共计收集到专业版问卷 42 份，基金管理人来自国有、民营、中外合资等多类机构，调查对象职位包括基金经理、销售经理、ESG 研究员、高级分析师、副总裁等多类核心职位。

3.2.1 客户画像及人员配置

在 2022 年参与调查的机构中，18 家受访机构表示其为了响应在管理 ESG 相关专户或客户要求而开发 ESG 相关产品，占比达 43%。进一步来看，其中 50% 的机构表示其 ESG 主要客户来源为国内资管机构，17% 的客户来自境外资管机构，相较 2022 年的 44% 和 3% 有较大的增幅，而境内外资产所有者所占比例相比 2021 年有所下滑（见图 3－23）。相较资产所有者，资管机构秉承社会责任意识，其对 ESG 理念的了解和学习速度快，能迅速抓住 ESG 投资机遇，并成为 ESG 投资发展的主要力量。另外，随着国内社保基金和更多资产管理人对 ESG 理念的重视、认可和实践，本土投资者对 ESG 产品的需求大幅提升。

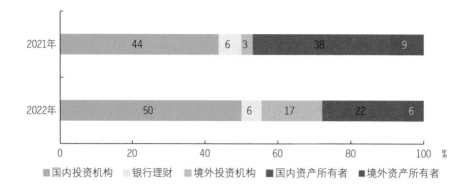

注：2022 年优化题目选项，删除了"主权财富基金"和"保险资管"选项，分析中将以上两个选项删除。

图 3 – 23 ESG 产品主要客户类型

相较 2021 年的 44%，2022 年达到半数的受访机构都会在路演过程中引导买方关注 ESG 概念（见图 3 – 24），机构在营销过程对 ESG 理念的传播和引导具有重要意义，有助于践行 ESG 投资理念的银行、保险机构以及境外机构等潜在的客户群体认可 ESG 产品。

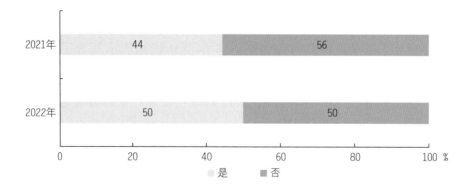

图 3 – 24 路演过程中引导买方关注 ESG 概念

关于 ESG 产品的基金经理，在 2022 年问卷调查中，33% 的受访机构选择"有 ESG 相关主题投资经验"的基金经理；30% 的受访机构选择"具有多行业投资经验"的基金经理；18% 的受访机构"偏好投资风格偏价值、成长的稳健型"基金经理；11%的受访机构对基金经理无特殊要求；8%的受访机构偏好"有量化投资经验"的基金经理，以便更好地处理 ESG 投资中的大量另类数据、回测以及模型构建，从量化因子、超额收益的角度开展工作（见图 3 - 25）。此外，值得提及的是，目前更多的主流公募基金开始招聘应届毕业生探索 ESG 研究。未来随着 ESG 人才供应的增加，更多具备专业 ESG 投资分析能力的基金经理将有利于 ESG 基金的规范化和产品创新。

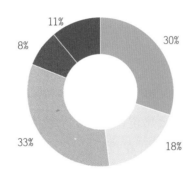

图 3 - 25　ESG 基金投资经理的选择标准

3.2.2　ESG 策略与评级体系

根据调研结果，大部分发行 ESG 产品的机构仍主要采用负面筛选的 ESG 策略，即从环境、社会、公司治理三大维度中筛选出不可投资或 ESG 评级过低的行业或企业，部分机构会定期梳理剔除 ESG 评级过低的企业，形成股票池的动态调整。2022 年以来，超过 40% 的机构根据 ESG 策略设置禁投池（见图 3 - 26），该比例较 2021 年调研结果上升了约 12%。在 ESG 三个维度中，机构更看重的是公司治理维度，并对有财务造假、高管处罚、治理混乱的公司设置禁止投资底线；对于环境和社会维度，机构对公司所处行业是否符合国家发展方向、是否对社会有不良影响进行评估，如烟草、白磷武器、高碳排放的公司可能会进入禁投池。

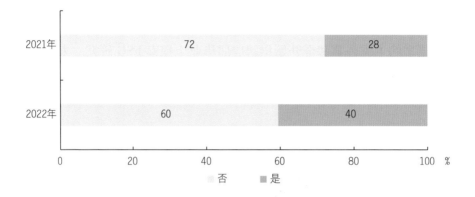

图 3-26　设置 ESG 策略禁投池

ESG 整合也占据了重要席位，即在整个投资分析和投资决策中系统地考虑 ESG 因素。具体来看，在投前阶段，机构构建包含 ESG 核心指标在内的 ESG 底层数据；在投中阶段，借助自主开发的 ESG 投资模型对形成公司 ESG 评估；在投后阶段，进行回测讨论并与被投公司互动。

积极所有权也是机构践行 ESG 投资理念重要的策略之一。2022 年，62% 的受访机构在与被投公司的沟通过程中，就 ESG 主题进行主动对话，而 2021 年仅有 19% 的受访机构开展此类工作。机构重点关注被投企业的公司治理及其在 ESG 方面的建设成就，通过高管沟通等方式鼓励上市公司积极披露 ESG 相关信息。例如，询问和关注某化工公司的污染排放情况是直接沟通的表现之一。

随着 ESG 投资体系的逐步完善，越来越多的第三方 ESG 评级机构活跃在市场上。2022 年调研结果显示，有 64% 的受访机构不会对第三方提供的 ESG 评级结果进行验证（见图 3-27），剩余 36% 的受访机构会对第三方提供的 ESG 结果进行多种方法验证，包括因子分析、量化回溯、多数据来源交叉验证、与自有数据进行对比验证等方法（见图 3-28）。相较 2021 年的调研数据，验证第三方 ESG 评级结果的机构比例明显上升，体现出国内资管机构对 ESG 数据评估方式的进一步完善。验证第三方评级是一个合理的方式，根据访谈，部分机构指出 ESG 评级没有统一客观的标准，并带有一定的主观判断。其中，关键议题和赋权方式的不同会影响该议题对行业的实质性，进而直接影响 ESG 评级结果。因此，机构谨慎对待第三方机构的 ESG 评级体系值得借鉴。

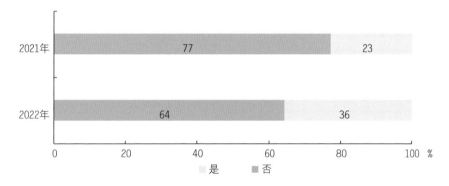

图 3 - 27　验证第三方机构 ESG 评级结果

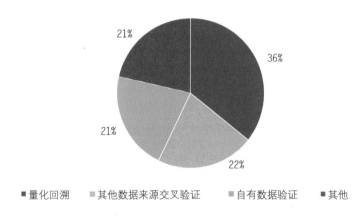

图 3 - 28　ESG 评级验证方式

3.2.3　ESG 重视程度与超额收益

调查结果显示，2022 年有 33% 的受访机构认为公司对 ESG 的重视程度上升（见图 3 - 29），主要原因在于 ESG 投资符合国家发展前景、我国 ESG 体系建设逐步完善、行业监管需求逐渐上升和社会关注度不断提升。部分受访机构认为 ESG 投资是未来行业的主流发展趋势，尤其是在国家"双碳"目标确立后，国家战略、监管方向、行业共识，以及客户需求逐渐明确，成为 ESG 投资的重要推动力。此外，2022 年党的二十大报告明确指出，加快构建新发展格局，着力推动高质量发展。ESG 投资与我国"可持续发展""高质量发展""绿色发展"等精神内核基本一致，从而适应了中国未来经济的发展趋势。

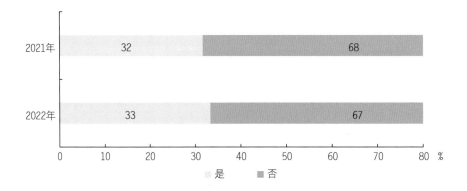

图 3 – 29　对 ESG、可持续投资重视程度的明显变化

2022 年，近九成的受访机构投资者认为 ESG 投资是一个长期的工作（见图 3 – 30），相比 2021 年，受访机构认为 ESG 投资需要更长时间获得爆发式认可，"未来 5 ~ 10 年"的占比由 20% 提升至 40%，而"未来 2 年内"的比例由 16% 下降至 10%，"未来 2 ~ 5 年"的比例由 54% 下降至 48%，可见随着机构真正践行 ESG 理念，逐渐认识到 ESG 纳入投研流程并获得收益需要长期努力。

本问卷最后对 ESG 基金的投资收益情况进行了调查，结果显示，2022 年仅有 10% 的受访机构认为 ESG 投资无法带来超额收益，而 52% 的受访机构认为 ESG 投资偶尔能带来超额收益，38% 的受访机构认为 ESG 策略可以经常带来超额收益（见图 3 – 31）。相较 2021 年的调查情况，2022 年受访机构对 ESG 投资的前景更为乐观，这可能是由于在金融市场波动较大的情况下，用 ESG 理念筛选的优质标的具备较强的风险抵御能力，从而可以获得超额收益。

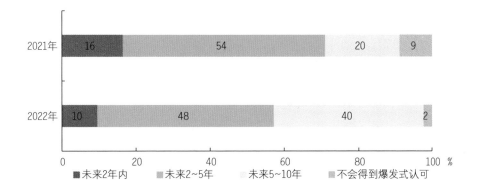

注：2022 年优化题目选项，删除了"10 年后"选项，分析中将该选项纳入"不会得到爆发式认可"。

图 3－30　ESG 投资得到爆发式认可的时间

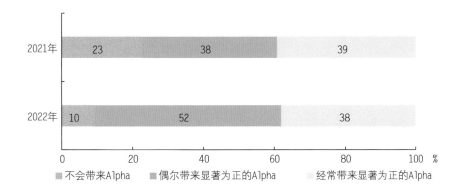

图 3－31　对 ESG 策略和超额收益的看法

探究超额收益的来源，17 家受访机构认为主要是 G 维度下的指标会为产品带来超额收益，如管理者的更换频率、高管激励、信批质量等；7 家受访机构认为超额收益来自 E 维度下的指标，比如引领绿色技术、低碳环保、排污绩效等；6 家受访机构认为 ESG 三个维度的指标均能带来超额收益，5 家受访机构提及 E 和 G 的指标，仅有 1 家受访机构指出 S 和 G 的指标。

　　总体来看，尽管不同受访机构对 ESG 策略的 Alpha 来源持有不同的看法，大部分受访机构均肯定 ESG 投资的超额收益，这也是践行 ESG 理念的重要意义所在。但 E 维度比 G 维度的认可度低，而社会因子数据更难获得、指标缺乏标准化、难以分析和整合，其在有效指导投资实践中面临挑战。

附　录

Ⅰ. 问卷设计方法论

基于对企业社会责任、责任投资、ESG 等国内外相关学术文献的研究，以及对中外机构、组织关于 ESG 调查问卷报告的回顾，联合课题组开发、制定了调查问卷的初稿。根据学术文献的常用做法，联合课题组使用了迭代过程来开发该调查问卷的终稿。联合课题组就调查的初稿向四名金融学术研究人员、一组机构投资者和金融市场组织征求反馈，进行了 3 轮问卷 Beta 测试，并通过深入访谈获得反馈，根据每一轮的反馈调整问卷，减少由问卷引起的偏差，优化措辞和问题表述，确保其清楚明了。

Ⅱ. 问卷发放和收集

调查问卷发放工作于 2022 年 7 月 1 日启动，于 2022 年 8 月 31 日结束，发放渠道包括：一是微信公众号，通过问卷网发布面向境内公募基金管理机构、证券公司资管部门/资管子公司等机构的调查问卷填写邀请；二是电子邮件/微信，按照证监会网站公布的公募基金、证券资管的名单等信息，由华夏理财有限责任公司、香港中文大学（深圳）深圳高等金融研究院，通过电子邮件/微信等方式联系邀请公募基金和资管机构的投研条线人员参与填写。

参考文献

［1］绿色和平．中国资产管理机构气候表现研究报告［R/OL］．
［2022/12/19］．https：//www. greenpeace. org. cn/wp – content/uploads/
2022/08/climate – investment – report – 2022. pdf.

［2］张欣慰．ESG 如何影响投资业绩［R］．国信证券，2022.

［3］商道融绿．中国责任投资年度报告 2021［R/OL］．［2022/12/
19］．https：//smtp. chinasif. org/products/csir2021.

［4］BCG. 中国 ESG 投资发展报告：方兴未艾，前景可期［EB/
OL］．［2022/12/19］．https：//www. bcg. com/china_esg_investing_report.

［5］陈洁敏．ESG 系列三：可持续投资的上下求索之路，是投资
"愿景"还是投资"价值"？［EB/OL］．长江证券［2021/12/28］．ht-
tp：//stock. finance. sina. com. cn/stock/go. php/vReport_Show/kind/11/rp-
tid/690391205628/index. phtml.

［6］李少君，牟一凌，朱琦．ESG 投资：超额收益的密码［EB/OL］.
国泰君安证券［2020/9/28］．https：//www. sohu. com/a/247566291_313170.

［7］廖凌．拥抱 ESG，远离"黑天鹅"——广发海外策略 ESG 投资
专题［EB/OL］．广发证券［2020/9/28］．https：//wenku. baidu. com/
view/8bee255a5427a5e9856a561252d380eb63942356. html？_wkts_ = 17005417
04015&bdQuery = % E6% 8B% A5% E6% 8A% B1ESG% 2C% E8% BF% 9C%
E7% A6% BB% E2% 80% 9C% E9% BB% 91% E5% A4% A9% E9% B9% 85%
E2% 80% 9D% E5% B9% BF% E5% 8F% 91.

［8］陆灏川，杨曼迪，王胜．东西方对 ESG 定义不同，绿色金融是

交集——A 股 ESG 系列报告之一［EB/OL］．申万宏源研究［2021/12/28］．http：//stock. finance. sina. com. cn/stock/go. php/vReport _ Show/kind/lastest/rptid/691777319530/index. phtml.

［9］任瞳，麦元勋．公司债 ESG 因子投资与信用风险预警［OL］．招商证券．［2021/12/28］．http：//stock. finance. sina. com. cn/stock/go. php/vReport_Show/kind/lastest/rptid/693159399442/index. phtml.

［10］任瞳，麦元勋．解开 ESG 投资黑盒，超额收益的背后是什么？［OL］．招商证券．［2021/12/28］．https：//baijiahao. baidu. com/s？id = 1718179271959067797&wfr = spider&for = pc.

［11］王咏青，周丽佳．ESG 在信用债违约中的风险预警作用［R］．华证指数，2020.

［12］Capital Group. ESG Global Study 2022［EB/OL］．［2022/12/19］．https：//www. capitalgroup. com/institutional/investments/esg/perspectives/esg － global － study. html.

［13］Morningstar Manager Research. Global Sustainable Fund Flows：Q1 2022 in Review［EB/OL］．［2022/12/19］．https：//www. morningstar. com/lp/global － esg － flows.

［14］Giordano C. World's Asset Owners Discuss ESG Investment Plans at United Nations（Part 1）［EB/OL］．Chief Investment Officer．［2020/9/28］．https：//www. ai － cio. com/news/worlds － asset － owners － discuss － esg － investment － plans － united － nations/.

［15］GSIA. Global Sustainable Investment Review 2020［EB/OL］．［2021/12/28］．http：//www. gsi － alliance. org/wp － content/uploads/2021/08/GSIR － 20201. pdf.

［16］Morningstar Manager Research. SFDR Article 8 and Article 9 Funds 2021 in Review［EB/OL］．［2022/12/19］．https：//www. morningstar. com/en － uk/lp/sfdr － article8 － article9.

［17］Morningstar. The Morningstar ESG Commitment Level，May2021，Our second assessment of 140 strategies and 31 asset managers［EB/OL］.［2021/12/28］. https：//www. morningstar. com/lp/documents/1038465/the – morningstar – esg – commitment – level – may – 2021.

［18］Share Action. Point of No Returns：A ranking of 75ofthe world'sasset managers approaches to responsible investment［EB/OL］.［2020/9/28］. https：//shareaction. org/reports/point – of – no – returns – a – ranking – of – 75 – of – the – worlds – asset – managers – approaches – to – responsible – investment

［19］Institute for Sustainable Finance（ISF）. Changing Gears：Sustainable Finance Progress In Canada［EB/OL］.［2021/12/28］. https：//smith. queensu. ca/centres/isf/research/state – sustainable – finance. php.

［20］RIAA. Responsible Investment Benchmark Report 2022 Australia［EB/OL］.［2022/12/19］. https：//responsibleinvestment. org/resources/benchmark – report/.

［21］JSIF. Sustainable Investment Survey 2021［EB/OL］.［2022/12/19］. https：//japansif. com/wp – content/uploads/2022/05/2022survey – en. pdf.

［22］Verheyden T，Eccles R G. and Feiner，A. ESG for all？The impact of ESG screening on return，risk，and diversification.［J］Journal of Applied Corporate Finance，2016，28（2）：47 – 55.

［23］McGlinch J，Witold H. Reexamining the Win – Win：Relational Capital，Stakeholder Issue Salience，and the Contingent Benefits of Value Based Environmental，Social and Governance（ESG）Strategies［R］. Working Paper，2021.

［24］Gibson Brandon R，Krueger P，Schmidt P S. ESG rating disagreement and stock returns.［J］. Financial Analysts Journal，2021，77（4）：104 – 127.

［25］Chatterji A K, R Durand, D I Levine S. Touboul. Do Ratings of Firms Converge? Implications for Managers, Investors and Strategy Researchers. ［J］. Strategic Management Journal, 2016, 37 (8) : 1597 – 1614.

［26］Berg F, Koelbel J F, Rigobon R. Aggregate confusion: The divergence of ESG ratings ［J］. Review of Finance, 2022, 26 (6): 1315 – 1344.

［27］Ferriani F, Natoli, F. ESG risks in times of Covid – 19 ［J］. Applied Economics Letters, 2021, 28 (18): 1537 – 1541.

［28］Shanaev S, Ghimire B. When ESG meets AAA: The effect of ESG rating changes on stock returns ［J］. Finance Research Letters, 2022, 46 (PA), 102302.

［29］Yen, M – F, Shiu Y – M, Wang C – F. Socially responsible investment returns and news: Evidence from Asia ［J］. Corporate Social Responsibility and Environmental Management, 2019 (26): 1565 – 1578.

［30］Eccles R G, Ioannou I, Serafeim G. The impact of corporate sustainability on organizational processes and performance ［J］. Management science, 2014, 60 (11): 2835 – 2857.

［31］Chang R, Chu L, Jun T U, Zhang B, Zhou, G. ESG and the market return ［EB/OL］. SSRN. ［2021/12/28］. https: //papers. ssrn. com/sol3/Papers. cfm? abstract_id = 3869272.

［32］Folger – Laronde Z, Pashang S, Feor L, ElAlfy A. ESG ratings and financial performance of exchange – traded funds during the COVID – 19 pandemic ［J］. Journal of Sustainable Finance & Investment, 2022, 12 (2): 490 – 496.

［33］Kim S, Yoon A. Analyzing active managers'commitment to ESG: Evidence from United Nations UN PRInciples for responsible investment ［J］. Management science, 2023, 69 (2): 741 – 758.

［34］Raghunandan A, Rajgopal S. Do ESG funds make stakeholder –

friendly investments? ［J］. Review of Accounting Studies, 2022, 27（3）: 822 – 863.

［35］Halbritter G, Dorfleitner G. The wages of social responsibility – where are they? A critical review of ESG investing ［J］. Review of Financial Economics, 2015（26）, 25 – 35.

［36］HSBC Bank. HSBC's first global ESG sentiment survey ［EB/OL］. ［2022/12/19］. https: //www. gbm. hsbc. com/en – gb/feed/sustain-ability/esg – sentiment – survey.

［37］BNP PARIBAS. The ESG Global Survey 2021: The Path to ESG: No Turning Back For Asset Owners and Managers ［EB/OL］. ［2021/12/28］. https: //securities. cib. bnpparibas/app/uploads/sites/3/2021/09/bnp – pari-bas – esg – global – survey – 2021. pdf.

［38］Atz U, Van Holt T, Liu Z Z, Bruno C C. Does sustainability gen-erate better financial performance? Review, meta – analysis, and propositions ［J］. Journal of Sustainable Finance & Investment, 2022, 1 – 31.

［39］Krueger P, Sautner Z, Starks L T. The importance of climate risks for institutional investors ［J］. The Review of Financial Studies, 2020, 33（3）: 1067 – 1111.

后　记

感谢以下个人在本报告编写过程中给予的帮助（以姓氏拼音首字母排序）：董岚枫、高玉森、侯嘉懿、刘庆、刘相峰、涂佳玉、万鑫、王博、吴玥辰、徐畅、徐嘉蔚、胥化婷、颜晨歌、张贝、周萧潇。

感谢以下机构在本报告编写过程中给予的帮助（以拼音首字母排序）：北京秩鼎技术有限公司、创金合信管理有限公司、富国基金管理有限公司、广发基金管理有限公司、华泰证券股份有限公司、汇添富基金管理有限公司、景顺长城基金管理有限公司、嘉实基金管理有限公司、鹏华基金管理有限公司、浦银安盛基金管理有限公司、REFINITIV、施罗德投资管理（上海）有限公司、万得信息技术股份有限公司、银华基金管理有限公司、颖投信息科技（上海）有限公司、招商基金管理有限公司、中国国际金融股份有限公司、中国太平洋保险（集团）股份有限公司、中证指数有限公司。